U0094469

密码学

数字经济的基石

[英] 基思·马丁 / 著
（Keith Martin）
林华 等 / 译

CRYPTOGRAPHY

The Key to Digital Security,
How It Works, and Why It Matters

中信出版集团 | 北京

图书在版编目（CIP）数据

密码学：数字经济的基石 /（英）基思 · 马丁著；林华等译 . -- 北京：中信出版社，2022.12

书名原文：Cryptography：The Key to Digital Security, How It Works, and Why It Matters

ISBN 978-7-5217-4874-1

Ⅰ . ①密… Ⅱ . ①基… ②林… Ⅲ . ①密码学 Ⅳ . ① TN918.1

中国版本图书馆 CIP 数据核字（2022）第 196962 号

密码学：数字经济的基石
著者：　　［英］基思 · 马丁
译者：　　林华　等
出版发行：中信出版集团股份有限公司
（北京市朝阳区惠新东街甲 4 号富盛大厦 2 座　邮编　100029）
承印者：　北京诚信伟业印刷有限公司

开本：787mm×1092mm 1/16　　印张：19.25　　字数：244 千字
版次：2022 年 12 月第 1 版　　印次：2022 年 12 月第 1 次印刷
京权图字：01–2020–3722　　书号：ISBN 978–7–5217–4874–1
定价：79.00 元

服务热线：400–600–8099
投稿邮箱：author@citicpub.com

译者团队

主　译　林　华

译　者　马小峰　王鹏理　胡　浩　张　帅
　　　　冯扬悦　李　绯　童则余　刘克凡

致敬密码学家、梦想家，我的导师弗里德曼

译者序

近年来，我组织团队翻译了多本区块链相关著作，不仅对区块链知识的普及做了一些有意义的工作，对我来说更是一个宝贵的学习机会。特别是《区块链：技术驱动金融》这本译著，在过去几年一再重印，让更多读者了解金融科技的底层区块链技术。

在这一过程中，我一直在思考以下几个问题：比特币与区块链的关系是什么？区块链的本质是什么？在区块链技术兴起的同时，“数字化”也被广泛提及，“数字化”与过去我们常提到的“信息化”有什么关系？Web 3.0 和区块链与传统的互联网是什么关系？

随着对这些问题的思考，我意识到以上几个问题的底层逻辑与密码学密不可分。传统上密码学很少受到关注，但它又无时无刻不在影响着我们的生活。密码学受到广泛关注，与最近几年区块链技术的兴起密不可分。

区块链与密码学的关系

什么是区块链

我以比特币为例来说明这个问题，中本聪的论文《比特币：一种点对点的电子现金系统》（Bitcoin：A Peer-to-Peer Electronic Cash System）的标题有 3 个核心词汇，即“点对点”“电子现金”“系统”。系统指的就是区块链，但是构建这个系统的目的是创造电子现金，这个系统的特点是点对点，去中心化的。

我画了一张图（见图0－1），来总结什么是区块链。

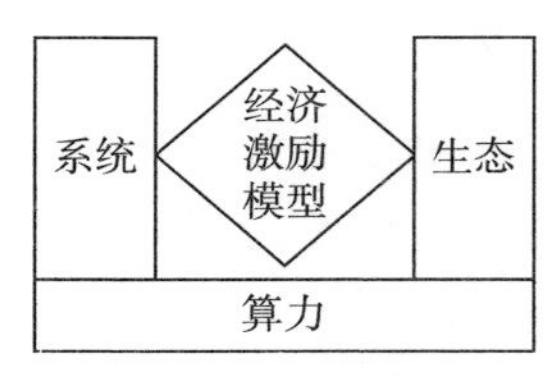

图0－1 区块链

区块链是一个系统，系统更多是指技术层面的架构，搭建系统的目标是构建生态。虽然系统是死的，但是生态是活的。通过良好的经济激励模型将“死”的系统转化为“活”的生态。算力是整个系统和生态的底层支撑力量，以达成去中心化网络的共识。

构建比特币区块链的目的是创造电子现金

区块链的概念最早由比特币的开发者中本聪提出，其根本目的是通过解决以下两个问题来创造电子现金。关于电子现金有以下两个难题。

第一，如何保证电子信息的“唯一性”。信息具有自由传播的属性，在这个特性之下，确保价值的点对点转移，防止双重支付，即其“唯一性”，是一个难题。

第二，如何使现金具有“匿名性”。现金一般基于有形的介质，比如纸钞、金币，存放在有形的钱包（皮夹子）之中。现金与个人身份无关，以保证其匿名性。但是如何将电子信息当作现金，规避电子信息的自由性，防止双重支付，同时确保其匿名性，这就是一个难题了。比特币的设计都是围绕电子现金展开的，所以清晰理解构建系统的目的以及设计良好的经济激励模型，在某种意义上比系统本身更重要。

比特币区块链系统设计有以下 3 个层面的问题，都与密码学密不可分，如哈希函数、非对称加密等。主要有 3 个要点：多账本需要共识机制，以确保唯一性；单个账本通过密码学中的哈希函数，保证其不可被篡改；利用非对称加密，保证身份隐私。具体如下。

1. 账本与账本之间的共识，通过共识解决唯一性问题。

共识机制的本质是保证账本之间的一致性与同步。“共识”保证“唯一性”，而唯一性则是比特币的价值源泉。如果每本账都记录某个地址有 5 个比特币，在此共识的基础之上，这个地址只要对外转账少于 5 个比特币，这个交易就会被所有节点认可。

2. 单个账本的数据不可被篡改。

哈希函数是信息摘要，比特币用到的是“SHA256”算法，无论输入多少字节，输出都是 256 字节。由输入计算输出很容易，且迅速收敛，而由输出推回输入几乎不可能。基于这一特性，哈希函数被比喻为数字世界的万能胶。把账本中的每个账页紧紧黏在一起，账页之间无法加入任何内容。

3. 账本中的地址（账户）如何创建。

以上的逻辑是分布式账本（多个账本）→单个账本（不可篡改）→地址。

区块链构建地址（开户）的过程与银行刚好相反。银行是开户实名，需要做 KYC（了解你的客户），而账本交易细节完全保密（不公开），通过中心化权威机构保证唯一性；比特币账本是开户匿名，而账本交易细节完全公开，通过共识构建唯一性。

这里用的非对称加密，与传统对称加密不同，非对称加密的加密和解密使用不同的密钥，即公钥和私钥。私钥用于解密，而公钥用于加密，公钥可以分发出去，但是私钥只能由本人保存。私钥也是唯一可以在网络空间确认自己身份的信息，可以是任意的数值。私钥生成公钥，公钥产生地址，这个运算过程只能单向运算，而逆运算几乎不可能，打个比方，就像家里的“猫眼”，屋里的人可以很容易看到屋外的人，但屋外的人很难看到屋里的人。

从以上 3 个要点中，我们可以清楚看到，比特币区块链构建的每一步都离不开密码学的应用。

数字化与密码学

数字化是近年兴起的一个概念，数字化与数字经济已经深入人心。但是在讨论“数字化”之前，我们要讨论一下电子化、信息化与数字化的关系。

电子化是存储介质及计算介质从原来的纸张或其他计算工具迁移到电子介质的过程。随着电子化的完成，进入信息化阶段。信息化建立在电子化之上，信息化的核心是信息的自由流动，一个非常重要的创新应用是互联网，全球的电子信息可以在互联网上自由流动及被分享。

数字化与信息化的差异是数字化的“数字”可以代表价值，而信息化的信息不具备唯一性，不能代表价值。我认为，数字化从某种意义上来说，是“web 2.0 + 区块链 + 密码学”，通过数字来表达和传递货币或资产的价值。分布式账本技术为数字资产提供了独一无二的权益证明。哈希算法辅之以时间戳生成的序列号保障了数字资产的唯一性，难以复制。一人记录、多人监督复核的分布式共识算法，杜绝了在没有可信中间人的情况下数字资产造假和双重支付问题。数字资产能做到不可分割，如 NFT 可以完整状态存在、拥有和转移。

除了链上原生，数字资产还可来自链下实物资产，如一幅画、一幢房子。如何保障链上数字资产和链下实物资产的价值映射是关键。可考虑通过射频识别标签（RFID）、传感器、二维码等数据识别传感技术以及全球定位系统，实现物与物相连，组成物联网，与互联网、移动网络构成“天、地、物、人”一体化信息网络，实现数据自动采集，从源头上降低虚假数据上链的可能性。

密码学与区块链可以保证数字资产权属，同时也允许这些数字资产以电子信息的状态在互联网上流转，使数字资产的所有权和数字信息流转二者实现矛盾统一。

Web 3.0 与密码学

互联网的发展历史

Web 1.0 为“可读”（read），Web 2.0 为“可读 + 可写”（read + write），Web 3.0 则是“可读 + 可写 + 拥有”（read + write + own）。

Web 1.0 是早期的互联网，用户只能被动地浏览文本、图片以及简单的视频内容，是内容的消费者，互联网平台提供什么就看什么。在 Web 2.0 时代，用户不仅可读，而且可写，尤其是随着移动互联网以及相关网络平台的发展，用户可以在平台上创造和传播自己的内容（文字、图片、视频等），并与其他用户交流互动。但无论是 Web 1.0 还是 Web 2.0，用户的线上活动都依赖于特定的互联网平台，即使在 Web 2.0 时代，用户可以是内容的生产者，但个人身份数据和平台活动的数据沉淀在互联网平台上，用户缺乏自主权和控制权。

2014 年，以太坊创始人加文·伍德（Gavin Wood）在一篇博客中提出 Web 3.0 的概念，指出这是一种全新的互联网运行模式。在这种模式中，信息将被用户自己发布、保管，不可追溯并且永远不会被泄露，即“去中心化的网络”。这需要确保用户对个人身份的控制和保护，个人身份本质上是分布式网络的私钥。个人还拥有对数据的控制权，使用个人数据需要得到用户的允许，通过隐私计算来实现。此外，还要确保价值传递的唯一性，使信息互联网向价值互联网转变。

Web 3.0 时代的用户自主权

用户通过自主权（Self-Sovereign Identity，简写为 SSI）来管理自己的身份，而密码学是 Web 3.0 用户自主管理身份的技术基础。用户无须在互联网平台上开户，而是通过公钥、私钥的签名与验证机制相互识别数字身份。为了在没有互联网平台账户的条件下可信地验证身份，Web 3.0 还利用分布式账本技术，构建了分布式的公钥基础设施（Distributed Public Key Infrastructure，简写为 DPKI）和一种全新的可信分布式数字身份管理系统。

Web 3.0 强调用户拥有真正的数据自主权。密码学不仅赋予用户自主管理身份的权利，而且打破了中心化模式下数据控制者对数据的天然垄断。分布式账本技术可提供一种全新的自主可控数据隐私保护方案。用户数据经加密算法保护后在分布式账本上存储。身份信息与谁共享、如何使用均由用户决定，只有经用户签名授权的个人数据才能被合法使用。

Web 3.0 时代的信任机制

Web 3.0 不仅是信息互联网，更是安全可信的价值互联网，需要确保价值在 Web 3.0 网络传递的唯一性。

在计算机世界，若没有可信机制，由电子信息承载和传送的价值很容易被随意复制和篡改，引发价值伪造与双重支持问题。Web 1.0 和 Web 2.0 仅是信息网络，虽然可以传播文字、图片、声音、视频等信息，但缺乏安全可信的价值传递技术支撑，因此无法像发邮件、发短信一样点对点发送价值（如数字货币、数字凭证），只能依赖可信机构的中心化账户系统，开展价值的登记、流转、清算与结算。

Web 3.0 中的分布式账本则创造了一种高度安全可信的价值传递技术。它以密码学技术为基础，通过分布式共识机制，完整、不可篡改地记录价值转移（交易）的全过程。其核心优势是不需要依赖特定中介机构即可实现价值的点对点传递，使互联网由 Web 1.0 和 Web 2.0 的信息互联网向更高阶的安全可信的价值互联网 Web 3.0 转变。

综上所述，Web 3.0 的核心特征要素都离不开密码学的深度应用，所以从某种意义上来说，Web 2.0 + 密码学≈Web 3.0。

感谢我太太朱莎对我花费大量家庭时间从事业余研究的支持，一直在默默支持和鼓励我，后续我将沉淀一段时间，减少工作，多陪伴家人和孩子。感谢中信出版集团许志老师，与许老师合作出版了资产证券化系列和区块链系列。经典密码学教材包含大量数学方面的内容，可读性较差，经过沟通，在她的帮助下选了一本科普性质的密码学读物，将其译成中文，以飨读者。由于水平所限，错误和不足之处在所难免，敬请读者谅解。

本书的出版得到同济大学马小峰教授、王鹏理老师、李绯老师、刘克凡同学，留美学者邹杰先生，区块链技术专家童则余先生，趣链科技张帅先生，胡浩博士，伦敦大学皇家霍洛威学院冯扬悦博士的大力支持，在此一并致谢。

林华

前言

尤利乌斯·恺撒大帝用过它，取得了成功。苏格兰女王玛丽一世也用过它，结果上了断头台。拿破仑·波拿巴误用了它，毁掉了自己的帝国。第二次世界大战期间参战各方都依赖它，而同盟国在此方面的优势缩短了战争持续的时间。间谍在冷战期间就用它，直到现在还在用。其实人们因各种原因在日常生活中也会频繁用到它，包括你自己。这个不可缺少的工具就是——密码。

密码为你的一系列日常生活提供安全保障。比如当你打电话时，从自动取款机（ATM）取现金时，连接 Wi-Fi（无线网络通信技术）网络时，登录一台计算机时，在谷歌上搜索时，用手机看视频时，都需要用到密码。现在密码已经为超过 10 亿台苹果设备[1]、70 亿张银行卡[2]，以及每天 550 亿条瓦次普（WhatsApp）的信息[3]提供安全保障。比特币等数字货币体系和区块链，也是建立在密码学之上的。

密码保护着全球超过 3/4 的万维网链接。[4]你知道吗，当你通过浏览器链接一个安全网站时，你使用的密码工具曾经驱动了计算革命，推动了互联网的发展。当你使用车钥匙打开车门时，你的车钥匙所能做的事情超越拥有最强计算机的攻击者。你是否意识到，从手机发送的信息被密码保护得这么好，以至于令有些政府和情报部门都感到担心。

密码学本质上是一门应用数学，但极少有应用数学能达到像密码学这样的社会重要程度，有时甚至是臭名昭著。比如数学通常不会成为一部影视大片的聚焦点。但是密码学赋予《拦截密码战》（*Enigma*）、《007：大破天幕杀机》（*Skyfall*）、《通天神偷》（*Sneakers*）等电影以灵感，[5] 启发了电视连续剧《犯罪现场调查：网络》（*CSI*：*Cyber*）和《军情五处》（*Spooks*），[6] 以及丹·布朗（Dan Brown）的《数字城堡》（*Digital Fortress*）这样的畅销书。[7] 没有其他数学学科可以像密码学一样结束战争或令各国领袖担忧。

密码学真正做的事是提供一系列工具来保护信息。尽管密码学可以用于保护物理信息，比如写在纸上的密码，但正是我们越来越多地在日常生活中依赖数字信息，才使得密码学变得如此重要。密码学不仅能对敏感信息进行保密，也能检测到信息是否被有意或无意地修改，还能确认与我们通信的对方是谁。事实上，密码学是唯一能为数字信息安全保驾护航的学科。

密码学就如同抗生素，你一生之中虽然接触过多次，但是并没有真正了解它的工作机制。可是有两个重要的因素会驱动你去了解抗生素的工作机制：（1）关于抗生素的知识提高了你对健康的理解，你可以知道什么时候应该服用抗生素；（2）该如何服用抗生素才不至于产生更多的社会问题，包括药物滥用和超级细菌的产生。

与习惯性服用抗生素一样，你可能会匆匆忙忙地度过一天而没有意识到运用过密码学。可是我坚信，人们懂一点密码学知识将受益一生。更为重要的是，我想让你明白密码学在日常生活中是不可或缺的。我相信通过学习密码学的功能和原理，你将建立起管理好个人数据安全的自信。如何使用密码学也引发了一个显而易见的社会问题：个人隐私与监管的平衡。这也是我将在本书中探讨的。

网络空间

我不会试图去定义什么是网络空间，[8] 而是去观察在网络空间中存在的一切，几乎都是电子产品。[9]

网络空间由进行网络通信的计算机组成。这些计算机既包括我们熟悉的平板电脑，也包括通常不被我们视为计算机的组件，比如手机、游戏机、助听器等，但它们都能接入互联网。

网络空间还由数百万我们直接接触的计算机设备（如售货终端、ATM、出入境通道等），以及很多我们没有直接接触的计算机设备（如企业后台系统、国防系统、工业控制系统等）组成。

也许更为重要的，或从某种程度而言令人震惊的是，很多传统上我们不认为具有电子元素的设备迅速成为网络空间的设备，更别提真正的计算机了。这些设备包括汽车、房屋和家用电器。接入这些设备的网络可以是有线的或无线的、短波的或长波的、完全开放的或专用的。到目前为止，这些网络中最重要的是互联网。

当然，网络空间和物理世界并不是完全不同的概念，物理世界与网络空间的互动正在不断增加。现在很难遇到不使用互联网的人、[10]不上网的企业，或者与网络空间不交互的技术。因为当人们按下物理设备的按钮以执行机器上的指令时，大部分网络空间的事情才能发生。

你在网络空间的安全

让我们停下来想一想我们对网络空间的依赖程度。想一想你如何与朋友交流，如何获知新闻，如何搜索下一次度假地；想一想你如何管钱以及如何支付；想一想你如何听音乐、看视频、上传下载照片；还有你的车，你一按车钥匙，车就自动开门了。车钥匙总能记得车的位置，并且可以自动向厂家报告问题。未来汽车还会自动驾驶。这都只是冰山一角，还有很多类似的但你看不见的事在发生，比如飞机飞行、电力供能、交通信号灯变化，这些都依赖网络空间。现在，几乎所有东西都依赖网络空间。

网络空间是一个犯罪的理想之地，这里没有不可逾越的物理距离，罪犯从世界上的任何地方都能攻击你的设备。这里有一个万花筒般的世界，一个青少年在他的卧室里就可以伪装成你的银行或一个大型百货商店。这是无数新闻报道里的安全事故，而这些仅仅是你听到的。

网络空间安全事故的确切数字很难估计。网络安全公司诺顿（Norton）声称，仅 2017 年一年，全球网络空间安全事故的受害者总数就达 9.78 亿人，共损失 1 720 亿美元。[11] 普华永道的报告指出，2016—2017 年，31% 的被欺诈企业都是网络犯罪的受害者。[12] 2020 年，网络安全风险投资公司（Cybersecurity Ventures）估计，网络犯罪在 2021 年前将使全球经济损失 6 万亿美元。[13] 网络空间不可见，所以我们眼不见心不烦。但你问问伊朗浓缩铀工厂的科学家，为什么浓缩机从 2010 年开始莫名其妙地出现故障，[14] 或者问问索尼影业的高管，2014 年他们是怎样在不知不觉中成为自己的恐怖片主角的，因为他们的内部邮件、工资、未上映的影片被暴露在全世界面前。[15]

人类是在物理世界中进化而成的生物，所以我们对物理世界的安全有深刻的理解，比如锁门、控制边境、在文件上签字等。但在网络空间里我们似乎缺乏相应的安全常识。网络空间的不可见是一个因素，但我认为我们缺乏安全常识是因为缺少对网络空间安全基础的理解。因此，我们会在网络空间里做一些傻事，比如我们敞开大门，把银行账户信息交给陌生人，并将个人隐私刻在数字石板上面，永远清晰可见。所以接下来，我将带你理解密码学是如何解决网络空间核心安全问题的，以使你拥有对网络空间安全的判断能力。

理解密码学的基础知识，将帮助你了解日常生活中所依赖的安全保护技术的重要性。密码虽然是常用工具，但有很多缺陷。你知道你的网上银行账户通常就是由“完美的”银行密码保护的吗？密码学最终依赖的是加密机制，也就是常说的密钥。我希望你能认识到密钥对你的数据安全是极为重要的，也希望你像对待物理钥匙一样小心保护你的密钥，甚至可以说你的密钥比你的物理钥匙更重要，因为那是能在互联网上将你与45亿用户区分开来的唯一元素，所以你要牢记这些密钥并知道它们的存储之处。

对密码学的理解也能帮助你应对遇到的网络空间安全问题。例如，接入一个没有安全保护的 Wi-Fi 会有什么后果？为不同的账户设置不同的登录密码有那么重要吗？如果你登录一个网站弹出没有有效证书的提示，你还会继续访问吗？那些源源不断被报道的网络空间安全事故，你是如何看待的？2017 年，媒体曾广泛报道运行特定加密协议的 Wi-Fi 网络是不安全的，[16]以及英飞凌公司（Infineon）的一个加密硬件是可以被破解的。[17]2018 年，又有媒体报道很多苹果设备的芯片有缺陷。[18]你是否应该为这些报道感到恐慌？你是否应该采取行动，还是坐等由其他人解决？你是否应该对区块链感兴趣，或者对量子计算机的出现表示担忧？

密码学的基础知识将会帮助你决定在未来是否以及如何使用科技。把个人信息提交给一个 App 安全吗？如果把钱都换成比特币，钱是不是就没了？当购买新手机时，应当考虑哪些网络空间的安全性？

网络空间安全不仅关乎你，而且与我们每个人都相关。当你敞开自己的大门，让盗贼偷走了你的钻石，这只是你的损失，而我不会有任何损失。但涉及网络空间安全时，我们并不能这么说。如果你不小心打开一个自动推送的搞笑视频，你的计算机很容易被引入一个进行犯罪活动的全球机器网络之中。那么，你的计算机可能最终攻击的是我的计算机，所以你在网络空间保护自己的能力与我的利益相关。每一位给自己武装密码学基础知识的读者，也可以让其他人在网络空间里更安全一些。

一个社会两难问题

密码学在我们的日常生活中如此重要，我们几乎离不开它。然而有时候，密码学被认为是麻烦的，甚至是危险的。因为密码学运用得如此之好，它同时给社会带来一个两难问题。

2017 年 5 月，英国 40 家医院的网络管理员面临一场危机：支持日常工作的计算机系统因为密码问题而失灵。攻击者使用一种叫“WannaCry”的恶意软件控制了系统，通过加密机制使系统中的数据无法被访问。攻击者要求医院支付赎金来使系统恢复正常。让我们在网络空间获得安全的密码，却在这种情形下引发了严重的问题。[19]

更为严重的是，虽然密码能保护你在网络空间的活动，但也为犯罪集团、恐怖组织、儿童色情网站之间的通信提供保护。因为这一点，一些国家的安全机构对密码学的广泛使用表示担忧。美国联邦调查局（FBI）前局长詹姆斯·科米（James Comey）对此直言不讳，反复表达他对密码学妨碍情报收集的担忧。[20]2013 年，美国国家安全局（NSA）承包商前雇员爱德华·斯诺登（Edward Snowden）不惜牺牲职业前途和个人自由，揭露了一系列美国国家安全局使用的技术，情报部门试图用这些技术来破解我们日常使用的密码以便开展他们的监视活动。[21]

一些政治家因为严重的网络空间安全事故而片面地批判密码学。2015 年 11 月，巴黎恐怖袭击事件之后，时任英国首相戴维·卡梅伦（David Cameron）发出质疑：“在我们的国家，是否该允许存在一种不可破解的通信方式?”[22]2017 年 6 月，时任澳大利亚联邦总检察长乔治·布兰迪斯（George Brandis）宣布，澳大利亚将领导有关行业参与

“阻止恐怖组织信息加密”的国际讨论。[23]几乎在同一时间，时任德国内政部长托马斯·德迈齐埃（Thomas de Maizière）宣布，德国政府正在筹划制定一部新法律让政府监管机构能够破解加密的私人信件，因为国家不允许有法外之地。[24]2018 年 5 月，时任美国司法部长杰夫·塞申斯（Jeff Sessions）称：“我们必须解决日益增长的加密或黑盒子问题。”[25]

上述所有干预措施的本质是要削弱密码学的有效性。然而，联合国人权事务前高级专员扎伊德·拉阿德·侯赛因（Zeid Ra'ad Al Hussein）称，如果没有密码学，“将会对生存造成威胁”[26]。这两种观点能达成一致吗?

今天关于密码学的争论其实源于一个由来已久的话题：自由与文明社会信息控制之间的冲突。15 世纪中叶，印刷术的发展与传播导致关于书籍印刷控制权的政治冲突。通过限制谁能印刷书籍以及为谁印刷书籍，教会和国家垄断了社会大众获取信息的渠道。[27]今天，密码学保护数字信息流动的方式让一些政府开始担忧。

自由与控制之间没有简单的妥协。许多政治家和新闻记者似乎难以把握这个话题，因为他们好像不理解密码学可以做什么，以及密码学的运作机制。[28]通过介绍密码学为我们生活带来的便利以及挑战，我将帮助你形成对密码学的真知灼见。这些基础知识现在和将来都会非常有用，因为我们只会越来越依赖密码学。未来，关于密码学应用的争论不会被解决，反而会更加激烈。

本书的观点

虽然密码学属于应用数学，但是理解密码学的基本原理完全不需要成为数学家。密码学背后的数学原理不是这本书要讲的，就如同学习开车并不需要懂得汽车发动机的机械原理一样。虽然密码学有着非常有趣的应用历史，特别是在战争期间，但是这本书并不讲述密码学的发展史。密码学以往的应用已在其他文献里得到了很好的介绍。[29]本书将专注于密码学当前的应用，仅在特殊情况下才会涉及历史案例。

这本书也不是关于猜谜的游戏。[30]当然，密码学在某种意义上是生成了一些需要解决的难题。例如，在第二次世界大战期间英国政府就招募擅长填字游戏的人参加密码学的培训。我在本书里并不把密码学当成猜谜的游戏（密码学是一个 Rdqhntr Atrhmdrr*）。

第一章将介绍网络空间安全的含义并解释密码学如何帮你实现安全。第二章将解释密钥和算法这两个加密技术的基础，也是数字安全的关键。之后的每一章主要讲解密码学的一个主要功能，即提供保密性、密钥分发、检查数据完整性、身份验证。第七章将从不同角度来看密码学在使用上可能出现的问题，说明其被破解的可能性。第八章将检验密码学应用所带来的社会问题及挑战。第九章是关于密码学的未来。

本书揭示了密码学对整个社会的重要性，并系统说明了密码学是如何保障我们在网络空间的安全的。毫不夸张地说，我向你展示的密码学，正是进入网络空间的钥匙。

---

* 如果你解不开这个密文，可以试试把所有字母向后移一位，就可以得“Serious Business”（严肃的事）。

目录

第一章

网络空间安全

网络空间安全意味着什么？在理解网络空间安全之前，我们有必要考虑一下物理世界安全的基本要素，因为构成物理世界安全的几个基本要素将在网络空间中消失。尽管密码学并不能单独替代物理世界中的这些要素，但密码学的核心职能是为构建网络空间安全提供工具。

平常的一天

你早上起来在信箱中收到能源供应商的电费账单，然后立即支付了。你觉得不太舒服（尤其是在支付以后），于是一吃完早餐，就锁上门出去了，搭乘了一辆去城里的公交车。在药店，你和药剂师说了你的症状，他为你推荐了一些药。你用现金买完药便返回家里。你的症状在中午前开始缓解。

这就是在物理世界发生的平常的一天。这个世界由真实可触及的物体以及物理互动所构成，这些都要求有一个特定的地理位置。让我们想想这个世界有多安全，即这个世界是如何阻止外部威胁以避免我们受到伤害的。

对于有幸生活在相对和平与繁荣的世界的我们，大部分日子都非常平淡无奇，没有“坏事”直接发生在我们身上。我们每天从媒体上听到的令人震惊的事件，大都是异常罕见的，所以才成为“新闻”。在物理世界，由于我们在保护安全方面的工作做得足够好，所以值得来识别一些保护物理世界安全的特征。

我们先考虑一下在日常可能发生什么坏事。尽管需要近乎偏执地思考最坏的情况，但安全流程正是建立在最坏的情况之上。希望在思考了这些情况之后，你仍然愿意起床开始新一天的生活。

不平常的一天

你早上起来发现信箱里的账单，账单看起来像是能源供应商寄来的，你立即支付了，但账单其实来自一个骗子。你感觉不太舒服（如果你知道刚才所做的事情，你会更加难受），于是一吃完早餐，你就锁上门出去了。你前脚刚走，窃贼就撬开锁，闯入了你家。同时，你搭乘了一辆去城里的公交车，不幸的是，这辆公交车被劫持了。在市区，你奇迹般地从这辆公交车里逃出来。在药房里，你和一名穿着白大褂看起来像是药剂师但其实是在逃精神病患者说了你的症状，然后他给你开了毒药。随后这名假药剂师故意把你的健康问题与城里的流言蜚语联系起来，几小时之后所有人都知道你生病了。雪上加霜的是，你支付了现金，但是找零里面有假币。你带着毒药回到你刚刚被盗的家，结束！

这是一个极其荒谬的故事。然而有趣的是，尽管我们在物理世界里建立了安全流程来防止这类不幸事件的发生，但这个故事里的每一个不幸事件都确实被人谋划过。上述第一天是一个“平常”的一天，第二天则是一个“不平常”的一天。“不平常”体现在关于安全的 3 个方面：安全机制、安全环境、发生危险的概率，其中的每一个方面都值得考虑。

保护我们的安全机制

我们使用多种工具和技术来保证安全，这被称为安全机制。让我们回顾一下那些日常使用到的安全机制，比如信箱。信箱有很多不同的形式，有些信箱只是简单的防风挡雨，而有些信箱带锁，需要钥匙才能打开。还有些房子在大门上安装信箱口而不用信箱盒，从信箱口投入的信受到大门的保护而免受外部威胁，当然这并不能防止内部威胁（如你家的狗）。

你的信箱盒装着信，信被封在信封中投递。信封为信提供了一定程度上的物理安全保护，比如防止它在邮寄途中被磨损。信封也保护了内容避免被指定收信者之外的人看到。但信封的保护能力相对较弱，因为信封很薄，也很容易打开。然而，信封提供的最重要的安全机制是任何打开信封的人都需要揭开的封条。除非做得天衣无缝，否则收信者将会很容易发现有人打开过这封信。

你收到的信显示来自一个大机构，信封及其内容上印有该机构熟悉的标志，这在某种程度上也是安全机制的一部分。这封信在总体布局、字体和语言使用方面有着熟悉的外观，这些在不同程度上也都属于安全机制。

你家的大门有一把物理锁。虽然一些现代化家装已经开始使用电子门禁系统，但绝大多数门锁还是物理锁。尽管一些锁需要插入钥匙，但是有些锁会随着门的关闭而自动上锁。从密码学的角度出发，你稍后将会看到这两种锁带来的革命性变化。

你搭乘的公交车看起来很熟悉，车身印着显眼的公交集团标志和路线号码。司机展示了工作证，工作证上有司机的名字、照片以及公交集团的标志。司机可能穿着集团制服，并持有公交车钥匙。

你的药剂师也同样出示了带有姓名的官方证件。或许更可能是由于你之前来过这家药店，所以认识这位药剂师。药剂师的容貌和声音都是安全机制。你们避开了其他顾客，小声交流以防别人听见。药剂师开的药放在一个密封的容器里面，容器上有商标和药品信息标签，也许还盖上了药店自己的印章。

最后还有现金，钞票上印有编号和其他水印，使其难以伪造。钞票有很多安全机制，包括水印和全息图。更为简单的是，钞票的外观和质感可能是最容易验证的安全机制。[1]

物理世界充满安全机制，每一种机制都被设计出来应对特定的威胁，这些威胁可能会危及它们保护的对象。

安全环境的重要性

在物理世界里，安全环境的重要性可能更为微妙。安全环境是指事件发生的背景，基于背景我们来解释和理解事件的安全性。尽管安全环境对评估物理世界的安全性至关重要，但我们不能聚焦其中。因为一旦你开始聚焦于环境，你就会发现它的信息量实在太大了。

回到你“平常”的一天，信箱中的信来自一个你希望收到其账单的能源机构。事实上，这个能源机构发送账单的日期相对可预测。如果支付账单后一周内又收到账单，你可能就会起疑心。账单金额也包含安全信息，因为它可以在你日常用电的背景下进行解释。它的确切数字也许使你吃惊，但很可能在你预想的范围之内。

公交车也是按时间表发车，所以当一辆看起来正常的公交车准时到站就没有任何理由去怀疑这是不是一辆真的公交车。如果公交车晚点了很久，并且司机开得不稳或者司机看起来好像不认识路，你可能就会有一丝担心。

在药房柜台后面站着的药剂师不仅看起来像一名药剂师，更重要的是他的言行举止像一名药剂师。他与你交流时流露出他的专业性，他对你的药品非常了解。如果药剂师在与你交流时假笑或者在给你开药时不知所措，你肯定会觉得不正常。[2]

即便是现金也与环境相关。如果你试图用一张面值远远超过药价的钞票付款，药剂师也许会迟疑，然后查看这张钞票的真伪。

在物理世界里，安全环境真的非常重要。我们经常被告知："如果你看见什么人或事可疑，请报告给工作人员。"这句话的真正含义是："如果你看见的人或事与环境格格不入，请敲响警钟。"

评估危险发生的概率

我们还通过评估危险发生的概率来评估安全性。我们通常无法精确计算出不愉快事件的发生概率，但是在现实生活中，我们逐渐对很多潜在的危险事件形成了直觉。[3]

我们的直觉告诉我们，"不平常"的一天是不合理且荒谬的，为什么呢？

试图骗取他人财产的诈骗犯存在吗？当然存在，而且还不少。[4]但是他们有很多潜在的目标对象，你平白无故地成为他们锁定的目标的概率是不大的。他们会伪造一封电费账单来骗你吗？如果这样做，他们首先需要伪造一封看起来像是真正账单的信，还要扫除很多前面提到的安全环境问题，比如账单日期和账单金额。准备这些诈骗信息需要花费许多时间而且是极有针对性的。这些障碍使得这样的诈骗行为得不偿失，因为诈骗犯当然想从事容易得多且成功率高得多的诈骗。

同样，入室盗窃总是存在的，但在绝大多数时间里，即使是不太友好的社区，入室盗窃也是小概率事件。

公交车被劫持更是罕见的事件，药剂师通常也不是连环杀手。这些坏事都有可能发生，但是通过我们对物理世界特有的直觉，我们知道这些坏事一般并不会发生。

物理世界的安全性

考虑到安全机制和安全环境，你的“不平常”的一天在物理世界里只是一场由一系列小概率事件组成的“噩梦”。而下述3个重要的物理世界特征导致了它的小概率。

首先是物理世界的实体性。绝大多数安全机制都依赖于使用我们的感官，比如信箱里的信看起来是真的，你认识你的药剂师，钞票感觉正常等。我们使用自己的感官在物理世界中生存，而且习惯用这些感官来帮助我们做安全判断。人类对某些物理危险有着与生俱来的直觉，比如研究显示婴儿对蜘蛛和蛇有天生的恐惧。[5]人类在物理世界里成长，不断摸索哪些事物是危险的。通过本能反应与学习实践的结合，我们在物理世界里建立了基于感官的安全直觉。

其次是我们对物理世界的熟悉度，这是我们在物理世界里长期生存的经验积累。尽管这并不表明我们对物理世界的方方面面都了如指掌，但是我们已经习惯于对物理环境做出判断。我们可能并不懂得公交车行驶的机械原理，但我们知道一辆公交车的外表是什么样子，车站在哪里，搭乘公交车的体验如何。很多安全机制和安全环境依赖于你在“平常”的一天形成的熟悉度。信箱里的信看起来顺眼是因为这样的信以前看过无数次，一眼就认出来公交车是因为同样的车总是按时到站。在物理世界里我们通常会对一个新环境感到陌生和紧张就是因为不熟悉，比如我们在陌生人面前是拘谨的。如果电费账单的信封是手写字体，盖的是国际邮戳，收款方是外国银行账户，你肯定就不会支付了。

最后是物理世界的场景。人和物的物理位置在时空里具有唯一性，所以是确定的。依据这样的唯一性我们能够做出是否安全的判断。即使电费账单是伪造的，它还是需要在你的付费周期前几天到达你的邮箱。即便公交车可能会被劫持，劫持者得自己先上车然后才能控制这辆公交车。冒牌药剂师也必须等到正规药剂师不在的那天才能顶替。所有这些物理世界里的安全屏障不是不能被攻破，而是物理场景使得安全攻击难度很大。“9·11”事件里面的那些恐怖分子劫机撞楼，不仅事先通过了飞机驾驶训练，而且他们还得登上不同的飞机，驾驶这些飞机在几乎同一时间飞到目标攻击地点。[6]他们的行为是极其可怕的，但是完成攻击所需克服的安全场景挑战也是困难重重的。如此困难重重，以至于没有谁会料到这种安全隐患真的会在物理世界里发生。

我们是物理世界里的人，习惯于物理世界里的安全。可是在网络空间里，整个事情都变了。

网络空间里的一天

现在来体验一下不一样的一天，即网络空间里的一天。

你早上起床后查看你的电子邮箱。除了一大堆垃圾邮件，有一封来自能源供应商的电力账单，你准备马上支付。但你感到不舒服，感谢互联网提供的便利条件，你不用出门就可以买药了。打开搜索引擎输入你的症状，访问一家线上药房，用银行卡网上支付，然后就等线上药房寄药到家里。

或者也可能是这样的。

你早上起床后查看你的电子邮箱。除了一大堆垃圾邮件，有一封看起来似乎是来自能源供应商的电力账单，你准备马上支付。但这张账单其实来自一名诈骗犯，试图引诱你转账给他。你感到不舒服，就打开搜索引擎输入你的症状，看到一家正在打广告的廉价线上药房。搜索引擎同时也将你的症状分享给几家合作公司，其中一家是你的人寿保险公司。根据你的症状，保险公司决定增加你的保险费用。你用银行卡网上支付买了一些药，不幸的是，这家“线上药房”开在卢里塔尼亚（一个假想的中欧国家）[7]的一间多余卧室里，匆匆忙忙地发送了不可靠的产品广告。同时这家“线上药房”还做一些其他“业务”，包括利用你的银行卡快速地进行一系列网上购物，远程安装一些软件在你的计算机里以控制你的计算机，在你的计算机文档里搜索各种密码和财务信息等。尽管你并没有离开过家，但是你刚刚确实是被抢劫了。这是网络空间里“糟糕”的一天。

网络空间里的这两种情况哪种是“平常”的一天呢？我们当然希望“糟糕”的一天不要发生，大概率也是如此，但我描述的“糟糕”的一天并不像物理世界里“不平常”的一天那样荒谬。网络空间里的“糟糕”的一天在逻辑上是讲得通的，并且这些场景的确时而出现。为什么呢？前面描述的网上诈骗案例里伪造账单在网络空间里比在物理世界里要容易得多。首先是伪造成本极低，其次是更容易通过网络空间发送数百万份伪造的电子账单。尽管绝大多数伪造的电子账单没能起到诈骗作用，但只需要一两份成功就远远超过作案成本了。最后，伪造的电子账单比伪造的物理账单更难识别，这是因为网络空间缺乏物理世界里多样化的形状和样式。[8]

当我们向搜索引擎输入信息时，我们几乎不知道出现的搜索结果会将我们引向何方，至少在理论上，搜索引擎公司可以做任何它们想要做的事。一旦搜索结果把我们链接到某个网店，我们能做的就是根据网店显示的产品介绍和价格等文字和图像信息，来判断它的诚信和质量。如果我们对这家网店不熟悉，那么与这家网店做交易实际上需要一个信任上的飞跃。绝大多数人都不知道从卢里塔尼亚的一间多余卧室里建立一个网店是多么容易，并且可以达到与正规网店一模一样的效果。

盗用别人的银行卡在网上购物很可能一直会得手，直到这些非正常消费行为被银行的用户安全保护引擎监测到为止，但为时已晚。正因为如此，偷盗和出售银行卡是一个主要的网络犯罪领域。在计算机上远程安装恶意软件也是一件容易的事，只需要毫无防备的用户点击一个链接或下载一个文件。这些恶意软件很容易在计算机里搜索潜在的密码和银行信息。更恶劣的是，这些恶意软件像数字间谍一样无限期地潜伏在计算机里。[9]

比起物理世界里“不平常”的一天，网络空间里“糟糕”的一天的发生概率要高很多很多。

网络空间的不安全性

无论何时何地，网络空间都是一个与物理世界完全不同的世界。这个本质差别对网络空间的安全性带来了巨大影响。要阐明为什么网络空间里的安全性非常具有挑战性，就必须从网络空间与物理世界的3个不同的特征开始讲解。

首先，网络空间在本质上不具有实体性。当然，一些网络空间的基本要素仍是物理世界的一部分，比如数据中心、计算机、路由器、线路等。但是由这些硬件生成、处理和传递的信息本身不具有实体性。网络空间的信息载体是数字数据，你没法把数字数据拿起来塞进信封里。实际上，正是数字数据的非实体性，让我们能够用它做很多在物理世界里无法做到的事。我们能以光速在地球上复制、转换、传送数字数据，把信息数字化是一个革命性飞跃。

由于数字数据具有非实体性，所以物理世界里的安全机制很少能够被直接用来保护数字信息。当然，我们还是能把USB（通用串行总线）设备安全地锁在抽屉里。但是当我们要使用储存在里面的信息时，就不得不把它与网络空间相连了，这时，物理保护机制就不再起作用了。简而言之，网络空间里的安全需要完全不同的安全机制。

其次，网络空间也不具有熟悉度。这并不是说我们在日常生活中没有接触过网络空间，毕竟我们习惯于在搜索引擎上搜索信息，在互联网上购买商品，在社交网络上保持联系。我们不断地学习如何使用网络空间，但是我们熟悉网络空间本身吗？有多少人对网络空间是如何运作的具有哪怕是最粗浅的认知？很少有人懂得一台计算机是如何运作的，更不用说计算机是如何编程的，如何连接在一起，如何交互信息。很少有人懂得网络空间处理信息的工作机制。提交给网络空间的数据最终去了什么地方？谁能看到它？用它做了什么？对绝大多数人来说，网络空间只是魔术，我们在键盘上噼里啪啦地打字，然后事情就发生了。[10]

对网络空间本身并不熟悉，甚至对它是什么以及如何运转没有基本的直觉，就盲目穿梭其中，盲目相信系统可以替我们做“对的事”，这是非常危险的。对网络空间本身的不熟悉，将我们在网络空间里的幼稚行为暴露无遗，引发的安全问题也是巨大的。我们不懂在网络空间里应该怎样做正确的事，也不能识别错误的事，更不用说知道哪些事情可能会出错了。“如果你看见什么人或事可疑，请报告给工作人员”，如果你无法鉴别什么是可疑的人或事，哪有可能去报告给工作人员？

最根本的问题是，我们缺乏关于网络空间的基本常识，而正是这些基本常识指导着我们在物理世界里做出安全判断。在网络空间里，人们可能会做在物理世界想都不敢想的冒险事，比如出门度假时发明信片给盗贼（外出自动回复，在网上张贴实时度假照片），[11]把银行账户印在衣服上（从不可靠网站购物），在家里装上无死角的监控摄像头，然后在社交网站上播放监控摄像。人类的祖先还未走出非洲热带大草原时就本能地知道，当狮子靠近时要立刻向最近的树奔跑，我们也照旧注意安全，比如在大城市里离家外出时本能地锁上家门。然而，在网络空间里我们完全没有类似的“网络空间常识”作为判断的依据。我们看不见电子门的开闭，更不用说去关上它了。我们没能力识别出数字狮子，即使它们正在计算机屏幕里跳来跳去。

最后，网络空间解除了物理场景的限制，这可以说是网络空间的最大优势。我们能坐在家里购物、与朋友聊天、分享照片、工作、做周游世界的计划，这不再是不可思议的，而且我们还渐渐以为就应该是这样。

但是，不仅我们能远程做这些事，那些试图损害我们利益的人也能远程操作这些事。一名诈骗犯可以从世界任何一个地方寻找攻击目标，政府和公司当然也能收集我们日常生活的信息。在物理世界里，绝大多数危险来自周围的环境，而在网络空间里，危险可以来自任何地方。

网络空间安全的核心问题

在开始讨论安全时，安全的 3 个方面值得回顾一下，以便思考在网络空间里的潜在不安全性。让我们把这3个方面的次序先颠倒过来。

首先，在网络空间里大多数潜在危险发生的概率比在物理世界里要大很多。在物理世界里，普通人的日常事务一般不会成为卢里塔尼亚诈骗犯的目标，但这些日常事务在网络空间里极有可能被列为攻击目标。[12]几乎没有国家会用尽物理手段编织一个巨大的告密网络，以监视所有公民的日常生活，[13]但这在网络空间里变得越来越容易，甚至人们还没意识到它已经发生了。[14]

其次，在网络空间里我们利用环境来判断是否安全的能力要脆弱得多。我们能信任这个网站吗？这常常是一个难以回答的问题，但在物理世界里极少碰到这样的问题。一家商店的室外装修和室内气氛提供了丰富的环境直觉。如果有人敲门询问你的银行账户信息，你也不会回应。但对绝大多数人来说，一封声称来自银行的诈骗电子邮件询问同样的问题可能就不那么容易引起警觉了。在失去了基于物理环境的安全常识后，我们缺乏对潜在安全威胁的推断方法。

最后，基于物理世界建立的安全基础设施并不适用于网络空间。我们不能把电子邮件抖一抖，给数字文件贴上封条，或者一下认出站在网店销售柜台后面的售货员。

网络空间在把世界变得很小的同时也把很多潜在威胁变近了。其实，网络空间是一个我们并不真正了解的地方，更坏的是，我们传统的安全机制并不能用到这里。我们确实碰到问题了。

密码学，开启网络空间的密钥

我前面给网络空间里的潜在安全性描述了一幅黑暗的前景。那些危险事件是真实的，确保安全性面临的挑战也是巨大的。但绝大多数人每天上网并没有碰到那些讨厌的事。这只是侥幸吗？不是的。网络空间里并非没有相应的安全机制。专家们对于很多网络空间的危险因素都有充分的了解，主要的互联网技术也是建立在某种程度的安全基础设施之上的，尽管不是十全十美。但是，绝对完美的安全性无论是在网络空间还是在物理世界都是不存在的，所以根本的问题是，网络空间里的安全性应当建立在保护数字信息的核心安全之上。如果我们能有效地构建数字安全机制去取代物理安全机制，起到如锁、封条、人脸识别等的作用，我们就能在网络空间里把数字安全机制大范围地植入系统和运行之中，从而有效保护我们的网上生活。当然，最理想的状态是我们能使用这些工具达到物理世界里的安全程度。如果幸运的话，也许在网络空间里能超越物理世界里的安全程度。

简言之，这就是密码学的关键作用。密码学能够提供一系列在网络空间里部署的安全机制。每一个密码学工具都独立构成简单的安全机制，被用来完成一些核心功能，比如防止数字信息被非法偷看，检测电子文件是否被改动，认证一台计算机等。当然，把这些密码学工具巧妙地组合在一起就能创建非常复杂的安全系统，比如保护金融交易安全、保护输电网安全、保护网上选举安全等。

密码学本身并不能使网络空间变得安全。构建安全性不仅仅是简单地提供安全机制，还涉及许多方面。如同保证我们家安全的不仅仅是门锁，但很难想象不用门锁如何保证我们家的安全。同样，仅仅是密码学本身并不能保证银行网络系统的安全，但可以肯定的是，没有密码学，全球的金融系统将会崩溃。[15]

第二章

密钥与算法

密码学提供了人们在网络空间中安全运行的机制。在探讨此问题前，读者有必要了解安全加密的基础——密钥和算法正是构成加密的关键组成部分。

密钥的关键作用

让我们重温一下在现实世界中的典型一天，并仔细考虑其中涉及的密码安全的细节。用信封封存的邮寄账单确保只有能源供应商和客户才能知道支付细节，大门的锁和钥匙确保只有房屋主人才能进入房子，药剂师行业的行为规范确保只有符合资质的药剂师才能从业，私人会诊确保只有病人本人和医生才能知道病情，只有带特殊印刷工艺的钞票才可能是真的。安全机制的实质就是只在某些情况下才能发生某事。安全机制可以用来在众多事件中区分特定项目，确保了特定功能的实现，比如门锁和钥匙确保只有主人能进入房子，悄声细语确保只有耳边谈话的人才能听到细节，钞票的防伪特性确保只有它才能是法定货币。

现实世界里安全机制无处不在。典型的表现包括各类随身携带物品，比如房门钥匙、徽章、门票或介绍信；[1]也包括所处的特定场景，比如交头接耳时才能听到私人谈话，购票后才能进入音乐厅享受音乐；还包括特殊的生理特征，比如指纹或虹膜扫描；甚至可以体现为掌握的信息，比如辨识出朋友的声音，知道必须说“芝麻开门”的口令才能进入宝藏洞穴。[2]在不同场景下可能体现为某种资质，如药剂师身份的展示（标志牌），站在特定角落（药房的柜台后），属于特殊人群（你的熟人），知道特定知识（如何跟你谈药理学）。

安全机制从现实世界向网络空间的转换就在于特定信息。在密码学中，这种特定信息被称为密钥。这样命名并非巧合，因为密钥的作用的确与房门钥匙的作用类似。就像只有持有房门钥匙的人才能进入房子一样，也只有知道密钥的人才能运作特定事项。在大多数情况下，密钥就是一条经过加密的信息。在网络空间中，加密信息将人与人之间的使用权限区分开。请注意，我使用了“在大多数情况下”，在这里，我们假设密钥一定需要被保密，但这并不是全部实情。

至此，我不得不承认以上内容在用词方面比较随意。一般说来，网络空间形成于计算机之间的交流，而不仅是人与人之间的交流，甚至说计算机只有在人的有效操作下才能运作的说法也并不准确。因此，更准确地说，密钥的功能并不仅限于通过特定信息赋予“人”不同权限，而是确保访问实体（可能是人或计算机）在拥有特定信息的情况下，可以在网络空间中实现具体操作。

最后必须明确一个关于钥匙的基本事实：进入房屋的能力并不是房屋主人所独有的，拥有备用钥匙的人也有。密钥也一样，密钥是通向账户的途径，在拥有密钥的情况下就可以进行接收话费账单、刷银行卡、下载电影、打开车门等操作。

密钥的形式

我们每天都在使用密钥，尽管很多时候常常是不自觉地使用密钥，或者不知道密钥场景在哪个环节。密钥的应用场景就很值得探讨。

首先，让我们思考一下计算机是如何展示信息的。正如人类的大脑将信息转换成语言，计算机则将信息转换成数字。在网络空间中存储、发送和处理的所有信息在计算机中都转换成数字。当我们在计算机中键入文字时，它首先将文字转换成数字，然后再执行相关的任务。当我们想理解信息时，计算机会将这些数字转换回我们能理解的文字。图像处理也是同样的道理，当上传图像时，构成图像的微小像素由计算机转换成指定的数字。

计算机使用的数字不是我们最熟悉的十进制，而是使用完全不同的二进制，仅包含数字0和1，每个十进制数字都有一个二进制表示形式，反之亦然。例如，十进制数字“17”在二进制中表达为“10001”（一零零零一，而不是一万零一），而二进制数字“1101”在十进制中指的是“13”。每个二进制的数字叫作比特，这些比特形成了数字信息的原子单元。4个二进制数字形成半字节，2个半字节形成一个字节（半字节的英文原意是“一小口儿”，字节的英文原意是“一大口”，从命名上来说，“计算机科学家缺乏幽默感”的说法并不是事实）。

我们希望计算机处理的信息并不限于十进制数字。假设在计算机中键入字符串“K9!”，为了运作该数据，计算机首先需要将“K9!”转换成二进制数字。用键盘转化成比特，这个过程事实上是通过ASCII（美国信息交换标准代码）转换实现的，ASCII定义了在键盘字符和比特数据之间的切换规则。上例中，ASCII定义的字符“K”的代码是字节“01001011”，字符“9”是“00111001”[3]，字符“!”是

"00100001"。反过来，计算机也可以根据需要，利用 ASCII 将代码"01001011""00111001""00100001"重新转码，变回到字符串"K9!"。

在有些场景里，数据大小也有重要作用。在二进制数据的组成中，"位"是存储的基本单位，1 位是 1 比特。数据大小也可以用字节来衡量，比如，"1011001100001111"的长度是 16 比特，也就是 2 字节。当数据很大时就需要用更大的单位，例如千字节（kilobyte，简写为 KB，相当于 1 000 字节）、兆字节（megabyte，简写为 MB，相当于 1 000千字节）、吉字节（gigabyte，简写为 GB，相当于 1 000 MB）和太字节（terabyte，简写为 TB，相当于 1 000 GB）。

密钥只是特殊的数据项，因此计算机也会把密钥转换成二进制。密钥的大小也是加密程度的体现，因此密钥长度[4]是加密算法的重要依据。目前，我们常用的密钥长度为 128 比特。

密钥在哪里

我们常使用密钥，但密钥到底在哪里呢？我们来看一个具体的例子。你每次用手机打电话时都会用到密钥，这是你的移动网络运营商提供的功能。移动网络运营商会给你分配一个密钥，以将你和世界上其他 50 亿个手机账户区分开，从而为你提供安全性。[5]密钥是一组机密数字，这组数字只有你和你的移动网络运营商知道。使用这组数字，你的运营商就会知道是你在拨打电话。这基本就是上面问题的正确答案，下面我来具体解释。

当你拨打电话时，具体使用的密钥数字是什么？当然不会是你的电话号码，这一点儿也不机密，是吧？你大概不会知道你手机使用的密钥是什么，因为你根本不被允许知道这组数字，原因有以下两点。

第一个也是最重要的原因是，这是一串冗长的数字。让你记一个从 0 到 10 之内的数，你应该可以记住。你甚至能记住一个 1 万以内，甚至是 100 万以内的数，个人识别码（PIN）常使用这个长度的数。这个我一会儿再解释。但对于密钥来说，100 万实在是不够大。密钥甚至都不能算是个数字，因为这串数字的量级通常超出我们的理解。

例如，你可以想一想全宇宙星球数量的 40 000 倍是个什么概念。[6] 即使你能死记硬背，用的时候也难免出错。我们曾经使用过这个量级的密钥，但如今这类密钥已经不够大了，几乎无法再为任何现代加密应用程序提供安全保护。我们现在使用的密钥是这个数的 1 万亿倍，如果现在这些数字让你感觉头晕眼花，那你就明白我说的了，即普通人无法轻易记住一个现代密钥。

第二个原因是，这是你的手机使用的密钥，而你正在使用自己的手机，因此你完全没必要记住这个数字。你的移动网络运营商真正关心的不是谁在用你的手机，甚至也不关心哪部手机正在打电话，运营商只关心谁付话费。这就需要一个与每个手机账户唯一关联的标识，通过这个标识就能“知道”和使用这个冗长的密钥数字。当你首次开办账户时，就有了这个标识。它是一张带有小小芯片的塑料小卡片，也就是你插入手机的用户识别模块（Subscriber Identity Module，简称“SIM 卡”）。这张 SIM 卡最主要的目的就是储存密钥，就是这张卡把你和世界上的其他账户区分开，因此，即使你把自己的手机借给别人使用，或是把你的 SIM 卡插到另一部手机里，收到话费账单的都是你本人。

大部分密钥都是一个由计算机（而非人）直接使用的巨大的数。因此，大部分密钥不是储存在计算机里，就是储存在与计算机相连的设备中。例如，保护银行卡交易的密钥储存在银行卡的芯片里，Wi-Fi 网络密钥储存在路由器里，在线购物时保护数据交换安全的密钥储存在浏览器软件中。当你接近汽车时，会自动打开车门锁的密钥储存在你的车钥匙里（这个过程并不是完全“无钥匙”的，这里使用了两种钥匙——一种是物理钥匙，另一种是加密密钥）。你其实并不知道这些密钥是什么数字，但你可以使用它们的储存位置。

如果不用密钥来保密

密钥是机密，它携带的信息能将一个个体与其他网络空间区分开来。如果只是使用密码和个人识别码这种机密形式呢?[7]它们算不算密钥?

不算，不完全算，但有时也算。是不是被搞糊涂了？确实，这些概念之间的区别比较微妙。

密钥有点像密码和个人识别码，这么想是对的，但还不够准确。密码和个人识别码确实也用于建立网络空间中的安全性，但它们是不是密钥取决于其使用方式。

很多密码和个人识别码都用于身份验证。例如，你要登录的计算机会向你询问密码，输入密码后，计算机会检查你提供的密码是否正确。如果正确，计算机就会表示欢迎。但这并不是典型的加密用途，因为这个过程中并不涉及加密。[8]这个登录过程中发生的只有你提供密码，计算机检验而已。

其中的关键在于，在登录计算机期间，你向计算机提供了密码。你的密码是你自己信任并保管的机密，只是在登录过程中你自己将它“泄露”了。从某种程度上来说，你失去了对机密的控制，因为现在你必须相信这个设备并输入密码，事实上，之后所有接收到你的密码的网络和设备都不会滥用你的密码。你不太可能把向自家电脑输入密码这件事视为高危动作，当然，这确实也没什么危险性。但有时候，我们需要登录一台远程计算机，例如，需要输入密码才能访问某个网页上的资源。在这种情况下，你的密码在从你的电脑浏览器提交到该网站远程服务器的过程中是不受保护的（设计良好的网站会为你的密码加密，但有些网站并不会）。这二者之间的网络设备都能看到你的密码，并可以使用你的密码来冒充你。与之类似的是，当我们从自动取款机（ATM）取现金的时候，我们也会把自己的个人识别码“泄露”给它。这也是将重要的个人机密提交给其他设备的例子。[9]

密钥从来不会以这样的方式“泄露”。取而代之的是，密钥在使用的过程中只会展示出该展示的部分，而不会泄露密钥本身。如此，密钥在整个过程中（使用前和使用后）都保持机密。密钥的保密程度要高于我们的密码和个人识别码。

但有时候，密钥需要与密码直接相连，以便使用。回想一下，密钥是一串我们难以记住的冗长数字，我们通常会把密钥储存在设备中，但这并不总是可行的。例如，你决定使用加密方法来隐藏你的计算机上的一些敏感文件，假设你平时不经常这么做，那么你就没必要为计算机设置自动为受保护的文件加密（顺便说一句，你也可以试试）。因此，加密是一个“偶然”使用的功能，你需要为这种情况创建一个密钥，创建完后，你就需要在以后的日子里都记住这个密钥了。

有一个常用方法可以让自己记住这个冗长的密钥，那就是通过密码学计算出这个密钥。换句话说，我们先选择一个密码，然后用计算机把这个密码（通过一种标准方式）转换成一个数字，再把这个数进行扩充，使其成为一个大得多的数（也是通过某种标准方式），最后得出的这个数就是密钥。当我们需要使用这个密钥的时候，只要记得密码，就能重新计算出密钥。密码本身虽不是密钥，却是一个“种子”，最终可以“生长”成密钥。[10]

密码和个人识别码是我们能记住的机密，这是它们最大的优点，同时也是它们最大的缺点。很多人会选择字典里的词作为密码，但20本牛津英语词典中所涵盖的单词也不足300 000个。[11]密码和个人识别码作为机密提供的安全性相对较弱，因为它们提供不了太多的变化。这种局限也正是密码和个人识别码与密钥之间的主要差别：如果你能记住这个机密，那它很可能不够大，不足以成为一个好的密钥。

用算法编制安全“食谱”

密钥是绝不会因“泄露”而被“盗用”的机密。那么，它们是如何被我们使用的呢？

有必要回顾一下物理世界中的安全机制。最容易想到的是门锁，因为这也涉及物理钥匙。假设你的房门使用的是传统物理锁，不涉及任何计算机技术（如果你使用的是电子锁，那么几乎可以肯定，你将使用密码学技术打开房门）。此时，只是掏出钥匙靠近房门并不能将房门打开，你需要将钥匙插入锁眼，然后转动钥匙，才能将房门推开。确切地说，这里发生的事情取决于你拥有的锁的类型。

虽然具体过程你几乎看不见，但它是非常精准的过程。例如，你可以顺时针转动钥匙，钥匙向下推压锁内的一系列金属弹子，这将转动曲柄，如果执行正确，会最终释放实际锁住房门的锁舌。重要的是，这一系列事件都涉及钥匙。如果在此过程中使用了正确的钥匙，那么锁就会打开。如果将错误的钥匙插入锁眼，那么就不能释放锁舌，也就打不开房门。

仅拥有物理钥匙并不足以打开锁，你还需要实际使用它，才能将锁打开。该使用过程由一系列单独但精准的动作组成，这些动作共同释放锁舌。要打开房门，必须执行所有这些动作。如果钥匙未完全插入锁眼，或者钥匙转动方向不对，或者锁内的一个金属弹子未被压下，则该过程将失败。这些动作还必须以正确的顺序执行，必须先转动钥匙，金属弹子才会被压下，必须将钥匙插入锁眼，才能开始转动。

这里要注意的重要一点是，钥匙和开锁过程在开门中的角色不同。开锁过程比较普遍，相同型号的锁具有相同的开锁过程。然而，钥匙却是唯一的，相同型号的锁也具有不同的钥匙。

由于密钥是数字，因此任何密钥的加密过程必然涉及一系列数学运算，例如加法、乘法、打乱位置或替换。我将这种计算过程称为算法。算法本质上是一种“食谱”，指示必须按特定顺序执行的一系列运算，先算什么，再算什么，最后算什么。最后得到的数字被称为算法的输出。正确的输出取决于按规定的顺序执行算法的每个步骤并成功。

有了食谱后，还必须提供全部的配料，才能烹饪你的晚餐。算法同样如此，即先输入，再输出。向某个算法输入什么取决于该算法要执行的任务，对于大多数加密算法而言，输入包括需要保护的数据和密钥。

以下是核心思想。加密算法由系统的所有用户共享（例如，可以给通信网络中的每部手机实施加密算法），但每个用户都拥有唯一的密钥，用户将数据及其密钥输入加密算法，加密算法开始计算并输出结果（更改数据和密钥中的任何部分都会得出不同的输出结果）。这时输出的是可以公布给外界的值（例如，可以通过无线传输手机通话内容）。此输出提供了这样的证据：不管是哪个算法计算的输出结果，一定是用户将密钥输入算法在先，但算法不会泄露密钥。这基本上就是大多数加密技术的工作原理。在接下来的章节中，我将介绍如何使用此过程来提供一系列不同的安全性。

不可预测的算法“奶昔”

算法是食谱，密钥是特殊（通常是秘密）的配料。由于加密算法的输出会释放到网络空间中，因此我们需要确保没有人仅凭观察输出就可以推出加密算法。换句话说，我们愿意让别人欣赏我们烹饪出来的饭菜，但是我们不希望他们能够辨别出所有配料。

如果我们要炒菜，势必会出现问题，因为虽然配料进行了混合，但是配料的外观几乎没有改变。我们希望使用加密算法来实质性地改变配料。也许奶昔是一个更好的类比，因为奶昔将各种配料混合成非常细腻的精浆，几乎看不出配料最初的状态。但是，仍可以从奶昔的颜色得出一些信息。我们希望能够有效地混合输入，使得输出不会透露有关这些输入的任何线索。良好的加密算法应制作出无色、无纹理的“奶昔”。

对于数字而言，“无色、无纹理”的意思相当于随机。随机是一个很难被正式定义的概念，因此我不会详细解释。[12]也就是说，你对随机可能意味着什么的直觉应该是正确的，随机就是不可预测性。随机生成的数字没有明显的规律，重要的是，随机与多次事件中数字的不可预测性有关。例如，你掷硬币 5 次，每次都正面朝上，你可能不愿意接受这就是随机结果。相反，你可能会认为硬币出现了偏重。但是，如果 5 次的结果是正面、反面、正面、正面、反面，那么你会很容易接受这就是随机的结果。

然而，实际上（假设硬币没有偏重）出现这两种结果的可能性是相等的；每种结果发生的概率都是 1/32。如果你每掷硬币 5 次，都出现连续5次正面朝上，或者，都出现正面、反面、正面、正面、反面，这才非常奇怪。事实上，如果你不断地掷硬币，并且任何正面和反面序列的出现次数明显多于实验次数的1/32，则可以合理得出此过程不是随机的这一结论。如果硬币没有偏重，则你每掷硬币5次，任何一种结果出现的可能性都不应高于另一种结果出现的可能性。

通过两种重要方式，随机与加密技术紧密相关。第一，密钥应该随机生成。如果不随机生成，则一些密钥出现的可能性将高于其他密钥出现的可能性，这会给试图猜出密钥的人以可乘之机。这种随机性再加上密钥长度让人难以猜出和记住密钥。然而，密码很少是随机的，因为在大多数情况下，相比没有意义的密码（例如8zuHmcA4&$），用户更愿意选择使用组成易记住单词的密码，例如BatMan1988（甚至B@tM@n1988），除了长度短，还缺乏随机性，导致就所提供的安全性来说，密码强度弱于密钥。

第二，同样重要的是，良好的加密算法应该像随机数生成器一样。[13]如果你对某些数据进行加密，则结果应显得“没有意义”，即不具有任何有意义的规律。这种明显的随机性可以通过互联网发送，所有观察到这种随机性的人只是觉得看到了乏味的数字迷雾。

保护网络空间活动的混合过程要求更高。假设厨师手里有一份无色、无纹理奶昔的制作食谱（这只是个比喻，所以请不要较真），你尝了一口奶昔，感觉味道还不错，而且混合很充分，看不出任何配料。假设厨师已经告诉你所有配料，接下来，厨师秘制了一份新的奶昔，这次他微微调整了配料的用量（多加了一点点胡萝卜，少加了一点点苹果）。你尝了尝这份新奶昔，感觉味道也不错。实际上，这份奶昔的味道与上一份差不多。现在厨师让你猜测这份新奶昔的配料。

你自然会明智地猜测这份奶昔的配料与上一份奶昔的配料相似。虽然可能并不完全正确，但你一定很接近正确答案了。了解第一份奶昔的配料对于确定第二份奶昔的配料非常有帮助。但是，这种关系不是我们希望在加密技术中存在的关系，这个比喻到此为止。

假设使用加密算法对余额相似的两个银行账户的余额进行加密。我们不希望一位账户持有人能够根据两个加密余额之间的明显相似性而推断出另一位账户持有人的账户余额。因此，良好的加密算法应类似于对配料十分敏感的食谱，细微的变化（一点点胡萝卜代替一点点苹果）就会完全改变奶昔的味道。换句话说，对加密算法的输入进行很小的更改都会导致输出发生不可预测的变化。因此，当把两个几乎相同的密钥或银行存款余额输入同一加密算法时，应得到两个不相关的输出，使看到这两个输出的人猜不到两个密钥或银行存款余额几乎相同。

到现在为止，关于混合已经讲得够多了。你真正需要知道的是良好的加密算法可掩饰输入和输出之间的关系。除非你知道密钥，否则不能根据输出结果猜出输入值。[14]

算法并非秘密“食谱”

将配料倒入锅中制作美味的晚餐并不是件难事，但制定让美食评论家震惊的食谱是另外一回事。在高级烹饪中，制定优质食谱是大厨的一项任务。

在加密技术中同样如此。设计一种表面上看起来可行但实际并不安全的加密算法很容易，设计一种能经受住时间考验的良好的加密算法则非常困难。令人沮丧的是，一些新技术构建者更喜欢采用自主加密算法。[15]自主加密算法的安全性弱点往往在实际应用后的几个月（而不是几年）之内就会被发现，这对使用这些算法的产品而言可能是灾难性的。

要设计能够满足目前广泛使用需求的加密算法，需要丰富的经验和技能。对于精心设计的良好加密算法，设计人员可以透露多少细节呢？毕竟，大厨们会严格保密他们的最佳食谱，加密算法的设计人员是否也应该这样做？

我们至少可以举出一个要保密加密算法的案例。假设攻击者已闯入计算机系统，并发现了内容受加密算法保护的数据库。现在攻击者需要破解出密钥是什么。如果使用了良好的加密算法，那么仅凭观察被加密的数据库数据是不可能破解出这个密钥的。但是，如果知道使用了哪种算法，攻击者就有了突破口。例如，他们尝试使用该算法猜测密钥，以对数据库进行解密。无论机会多么渺茫，他们都有可能走运一次，猜对密钥，成功解密。但是不知道使用了哪种算法的攻击者甚至都不知道从哪里开始解密数据库。因此，与使用已知其细节的加密算法相比，使用保密加密算法似乎更具安全优势。

尽管保密加密算法具有这一明显优势，但是你每天用来保护数字活动的大多数加密技术都基于公开发布的算法。你可以购买相关图书或访问相关网站，了解这些算法的确切工作原理。相比于保密加密算法，公开加密算法也具有两种优势。

第一种优势是，公开加密算法会接受公众审查，从而建立公众对其加密强度的信心。假设你想买一把非常安全的物理锁，用来锁住你在花园中建造的一间屋子，这间屋子是用来放金条的（幻想一下）。你拜访镇上的顶级锁匠以期寻求一些建议，他拿出一些销量很好的基于传统优质锁标准的产品。锁匠可能会向你展示切开的模型，并详细说明这些产品的每个金属弹子是如何工作的。但是，店铺中最昂贵的是一把闪闪发光的叫“WunderLock”的锁，这是一把刚刚上架的新锁。你询问 WunderLock 的工作原理，锁匠坦言他完全不知道，因为该机制的细节是保密的。制造商告诉他，这把锁坚固耐用，值得花高价购买，但是他本人无法保证这把锁的质量。你应该买吗？

这似乎很吸引人。如果它确实是一把出色的锁，那么你将获得安全优势。附近的每一个小偷都会对门上这个闪闪发光的神秘物体感到目瞪口呆，并对无法入室盗窃而充满挫败感。因此，购买这把价格昂贵的锁可能会带来好结果，但这是一场赌博，你被迫相信制造商，锁像他们声称的那样安全。你不能寻求本地任何锁匠的经验，因为大多数锁具专家都无法向你提供有关 WunderLock 到底有多好的建议。

重要的是，这个问题不仅仅与购买前的建议有关。新安装的 WunderLock 可能在一两年内非常管用，直到有一天你醒来发现黄金屋被洗劫一空。后来，你阅读了有关“聪明盗贼大力出奇迹”的新闻报道，他们发现用横头锤持续敲击 WunderLock 就足以打开锁舌。如果世界上的所有锁匠都对 WunderLock 的设计细节一无所知，那么这无疑是一个被较早发现的弱点，以后，还可能会发现更多。

不久以前（也许是半个世纪前），只有为数不多的加密算法，并且主要用于军事和情报领域。当时，世界上很少有人了解加密算法的设计过程，加密算法都是秘密设计的。甚至可以想象，某个国家和地区的所有专家都参与了保密加密算法的设计。此外，依赖这些保密加密算法的少数人完全信任这些设计专家。

但是，这些情况与我们今天使用加密技术的环境有所不同，特别是存在截然相反的两点。（1）我们有活跃的全球研究人员和设计人员社区，他们全都拥有设计加密算法的专业知识，不可能让整个社区都来参与某个保密加密算法的设计，因为算法的任何细节都会引起该社区的关注或受到该社区的质疑。如果该算法没有受到公众的公开评估检验，那么它可能会存在问题吗？（2）我们依赖于使用强大的加密算法，因此，我们都需要信任它们的设计。[16]使用等同于 WunderLock 的加密技术作为安全基础非常危险。当受到广泛推崇且经过公开评估的加密算法可用时，为什么要使用 WunderLock？[17]

第二种优势是，如今几乎不可能对加密算法进行保密。50 年前，加密算法被应用于很少有人能够接触到的大型金属盒中；现在，加密算法被应用于各种技术中。在软件中应用的加密算法几乎不可能被保密。当很多人都能够访问应用了加密算法的设备时，试图在计算机硬件中隐藏其算法细节就变得非常困难。能够访问设备的专家可以通过分析技术及其行为，从而详细了解算法的工作原理，该过程被称为逆向工程。[18]

任何实施加密算法的人最好在这样的假设下操作，即一天后（也许比预计得更早），将失去算法的保密性。这不仅仅是基于最近经验的建议。19 世纪末期，备受尊敬的荷兰密码学家奥古斯特·柯克霍夫（Auguste Kerckhoffs）将这一建议纳入他提出的加密算法设计的 6 项原则中。[19]这远早于在机器上应用算法。在柯克霍夫时代，算法（他称为“系统”）是你手动处理书面文字的某个东西。更准确地说，柯克霍夫观察到，“系统”内不应含有任何机密物，这样即使落入敌人手中也不会造成困扰。他真英明。

密钥才是“秘方”

我认为，对于加密技术而言，将食谱保密并不总是有益的，甚至是不可能的。当这些食谱被普遍应用于相关产品时，更是如此。

有必要先考虑两个截然不同的秘密食谱（两个食谱均具有全球影响力），从而思考结论。可口可乐的制造商声称，其制作软饮料的食谱是世界上保密得最好的食谱之一，他们建立了保护该食谱的周密流程。

保管可口可乐的“秘方”与保管手机的加密算法难度相似，很难找到既没喝过可口可乐又没有手机的人。当这两种产品都十分普遍时，要保密加密算法将是一个巨大的挑战。

手机的加密算法曾经是保密的，因为第一个移动网络的架构师认为这种做法提供了额外的安全性。但是，这些加密算法最终被逆向工程破解，甚至在某些情况下并不如最初希望的那样安全。如今，移动网络运营商十分断定公开加密算法的收益远远超过了保密加密算法所可能带来的安全收益。[20]“秘方”在移动通信行业中已经过时。

那么，可口可乐是如何成功地保密其食谱的呢？事实是，可口可乐的食谱并不是严格的秘密。生产碳酸饮料的过程（算法）是众所周知的，大多数配料也是众所周知的，因为早已被专家猜测出来。确实，现在几家制造商生产的碳酸饮料与可口可乐的味道很像，以至于大多数人分辨不出它们的区别。可口可乐配方中的秘密只是其中一种配料，被称为“7X 商品”。[21]在这个方面，7X 商品的保密性更像是加密密钥的保密性。当生产碳酸饮料的过程广为人知时，饮料的口味不同就在于7X 商品。就像如今的手机一样，可口可乐的生产过程已广为人知，保护可口可乐安全性的重担落在了密钥的保密性上。

算法很重要，但密钥是关键

真正重要的是要认识到算法和密钥在加密技术中扮演的不同角色。

算法是加密技术最重要的部分，用于确定和执行必要的计算。对我们大多数人而言，算法在后台运行，我们从来不必担心它们。即使是经验丰富的网络安全专家也很少会直接与加密算法进行交互，因此不必知道是哪种算法正在保护他们负责的系统。

密钥是加密技术提供安全性所依赖的秘密。从安全性角度而言，密钥是加密技术与用户交互的那部分。与我们所有人都共享的算法不同，密钥对于单个用户或设备而言是唯一的。因此，密钥是我们所有人都应警觉的东西。虽然每个人都知道自己使用的是加密算法，但是如果其他人掌握了我们的个人密钥，那么我们在网络空间中的安全感将荡然无存。

在使用加密技术来确保我们在网络空间中的安全性时，加密算法很重要，但是密钥才是关键。

第三章

保密和加密

为了搞清楚密码学给网络空间提供的独特的全方位安全机制，需要把安全性的概念分解成一些核心功能。其中第一个就是保密的功能。

保密性

当人们被问到什么是信息的安全性时，绝大多数人立刻想到的是保密性，也就是只让我们指定的人知道这些信息。

每个人都有秘密。秘密并不一定是一件非常敏感的事，但它的走漏可能会让人丢脸或出丑。你不想登上报纸成为新闻的私事就是一个秘密；你不想让某些人知道的事也是一个秘密；你的银行账户信息、密码、身份证号等也是秘密；在某种程度上或某个场合下，你的家庭住址、出生日期、家族照片都是秘密。如果在街上一个陌生人追着你问孩子的名字或昨晚你吃了什么东西，你会告诉他吗？如果不会，那这些也是秘密。每个人都有不想让别人知道的秘密。[1]

保密性通常与隐私概念联系在一起。其实隐私是一个更复杂、更广义的概念，与把某些人排除在某些信息之外的愿望和能力有关。如埃里克·休斯（Eric Hughes）在《密码朋克宣言》（A Cypherpunk's Manifesto）里称："隐私是不想让全世界都知道的事，而秘密是不想让任何人知道的事。隐私是有权选择性地让世界知道有关个人的某些事。”[2]由安全机制提供的保密性可以用来保护隐私，但是隐私本身不仅限于保守秘密，也包括选择性地分享秘密。

保密性在物理世界里是非常重要的，比如通过密封信封、派遣信任的信使、把信锁在抽屉里等为书信内容提供保密性。通过小声交谈或关上房门，以限制谁能听到谈话的内容。

在网络空间里保守秘密也同样是必要的。无论何时，把个人信息提交给一个网站时，网站都需要对这些个人信息进行保密。否则，黑客攻击网站时就可能窃取这些个人信息。当我们用手机打电话时也需要保密性来防止任何拥有一台信号接收器的人窃听。当我们进行网上支付时也需要保密性来防止攻击者窃取银行账户信息。简单来说，在不应当被完全信任的计算机里储存敏感信息时都需要保密性，这实际上涉及所有计算机，包括你的手机和车；在不应当被完全信任的网络中发送敏感信息时也都需要保密性，这实际上涉及所有网络，包括互联网和家里的 Wi-Fi 网络。[3]

隐藏秘密

当孩子带着不太好的成绩单回到家时，自然不想让父母看见。这就急需一个保密机制。孩子赶紧把成绩单藏在床垫下或者埋在衣柜里，也就是把成绩单藏起来。

把一件东西藏起来的关键是，任何人找的时候都不能轻易在被藏的地方发现它。把成绩单藏在床垫下时，床看起来还是原封不动；把成绩单藏在一大堆球衣下面时，衣柜里还是像平时那样乱七八糟。数字信息也能被藏在看起来与平常数字信息一样的数字信息里。其中一个技术就是把信息藏在数字图像里。一个计算机图像包含上百个像素点，而单个像素点小到肉眼不能识别。每个像素点代表一种颜色。与其他数字一样，像素点等同于一串字节。其中一些字节的数字微调对图像呈现出来的颜色改观很大，一些则不是那么重要或敏感。由于肉眼几乎看不到那些不重要的字节，这些不重要的字节就可以被需要隐藏信息的字节取代。所有人看见的都是一张正常的数字图像，只有知道的人才能从图中获取隐藏的信息。

我们都玩过捉迷藏，也知道躲藏的人有可能被发现。当床被清理打扫时，被藏的成绩单就很可能被发现。同样，如果有人怀疑一张数字图像里有隐藏信息，检查这些像素点的细节也能发现秘密。

隐藏信息比其他保密机制有一大好处，就是它不仅提供了保密性，也从一开始就避免了被意识到有秘密存在。

直到其他家长开始在学校操场谈论成绩单时，差学生的家长甚至还没有意识到成绩单已经发下来了。没有谁看见一张带有隐藏信息的数字图像时会意识到里面藏了一个秘密。

当然，隐藏信息的存在只是偶尔有好处。当银行决定把一个保密文件递交给你的时候，银行和你都想通过传统的邮政服务来寄送并密封在信封里，而不想把这份保密文件藏在某处由你去取。邮局当然会知道银行给你寄了一封信，但这是无关紧要的，重要的是邮差无法看到信封里面的内容。同样，你用手机打电话也不需要保密，需要保密的是电话里交谈的内容。[4]类似地，当你通过互联网购物时，购物本身并不需要保密，需要保密的是交易细节。

的确，在上述案例里面隐藏秘密不仅是不必要的，也是不现实的(藏在哪儿呢)。当你打电话时，你只想把你的声音加密传送而不是把声音藏在其他数字信息里面传送。任何被用来隐藏声音的数字信息要比加密语音信息庞大得多，这将导致整个过程运行效率极低。

隐藏数字信息通常不是一个非常有用的提供保密性的方式。信息隐藏机制通常被称为隐写术，也就是“隐藏文字”。[5]隐写术在某些领域有独特的应用。犯罪分子或许想通过隐写术把罪证隐藏在计算机里，以防止别人意识到数据储存在这台计算机里。[6]保护数字版权也会用到隐写术，数字版本出版人有时利用隐写术在读者觉察不到的地方给数字版本贴上数字商标。当保密机制被政府禁止使用时，隐写术就更有保守秘密的优势了。因为如果政府从一开始就不知道这些秘密存在的话，就很难指控谁保守了这些秘密。[7]

提供保密性最有效的机制是在保密的同时又不需要伪装秘密不存在。密码学就能提供这类保密机制。

隐写术不是密码学。如果说隐写术作为一个保密机制真正被用到的话，隐藏信息本身首先应该是受到密码学保护。密码学每天都会被用到，但隐写术极少被使用。

解密

假如我们需要通过网络空间把一些保密性信息发送给接收者，我们并不需要隐藏这些信息的存在，只需要限制谁能获取这些信息。由于任何信息通过网络空间传输都可能被他人检测到，所以我们需要通过某种形式来掩盖信息。换句话说，我们需要传输掩盖着的信息。

怎么能把信息掩盖呢？我们需要做的就是把原来的信息打乱后胡乱凑在一起，这样其他人就无法看懂了。也就是需要一个算法。

首先，让我们来看这类算法的一个简单例子。假如需要被保密的信息由一组字母组成，就像“TOPSECRET”。我们把这叫作明文，因为这就是信息被打乱之前的原文。我用来解析这个过程的算法是埃特巴什码（Atbash Cipher）。它是一种把一组字母顺序打乱的方法，[8]也就是说每一个需要保密的明文字母都被同一位置相反顺序的字母替换，比如Z替换A，Y替换B，X替换C，等等。以下是替换顺序。

明文：A B C D E F G H I J K L M N O P Q R S T U V W X Y Z
密码：Z Y X W V U T S R Q P O N M L K J I H G F E D C B A

埃特巴什码算法用密码替换每个明文字母。这样明文TOPSECRET被替换成GLKHVXIVG。打乱字母顺序之后的文字就毫无英文意义了，我们把这取名为密文。

密文就是我们发送给预期接收者的秘密信息，任何人看见这一通信息只能见到GLKHVXIVG，但接收者知道这是埃特巴什码，通过逆向算法即可恢复出明文。也就是接收者用密码对应的明文来替换密文中的每个字母，这样接收者就成功地把密文GLKHVXIVG转换成明文TOPSECRET。

埃特巴什码作为一个保密机制究竟有没有效呢？有很多理由认为埃特巴什码是一个比较弱的保密机制，因为我们不能依靠算法本身的保密性。我认为，根据奥古斯特·柯克霍夫提出的原则，我们应当假设总有人会知道从明文生成密文所使用的算法，即便实际上没人知道。在上述例子中使用了埃特巴什码来打乱信息，也应当假设每个人都知道用Z替换了A，Y替换了B，等等。因此每个人都知道密文GLKHVXIVG对应明文TOPSECRET。那还有什么保密性呢？

埃特巴什码的原理很简单，因为只有一种替换方式，任何知道我们使用埃特巴什码的人都可以直接把密文替换成明文。埃特巴什码并不能提供保密性，因为在打乱数据的过程中并没有引进变量，真正的问题是埃特巴什码是一个没有密钥的算法。

使用没有密钥的算法来打乱信息所生成的结果只能算作代码。尽管代码的目的通常是用来传输信息，但一般不是用来保守秘密。最著名的莫尔斯电码就是把字母转换成短序列的点和长划。莫尔斯电码被用来把信息转换成电报。序列的点和长划使得英文字母能被转换成短和长的电磁脉冲。[9]这个设计与保密性毫无关系。如果一条船不幸遇上海难，紧急发送国际求救代码信息“点点点，长划长划长划，点点点”，而这个代码不能被接收者解密将是灾难性的。这是一种每个人都知道对应明文的密文。

代码有时被误认为是提供了保密性的象征。也许偶尔会有人向你发出解码挑战（我就碰到过无数次，因为许多人认为密码学家的工作就是解码）。过去好几个世纪，古埃及象形文字对古埃及研究学者就发出了这样的挑战。直到9～10世纪上叶，象形文字代表的代码才重新被理解。[10]而象形文字本来就不是用来提供保密性的。当古埃及文化消失后，人们忘记了象形文字“算法”的具体细节，重新发现这个算法才能还原象形文字的含义。只是，古埃及人肯定不会认为这攻破了他们的安全机制。

还有一个著名的例子是丹·布朗的《达·芬奇密码》，这是一本关于秘密、神秘事物、阴谋诡计的著作。[11]其中有一个主角叫索菲·奈芙（Sophie Neveu），书中写她曾在我现在受雇的伦敦大学皇家霍洛威学院接受教育。当这本书在销售巅峰期时，很多家媒体联系我，想了解更多书中用到的密码学。

哎呀，索菲·奈芙在密码学领域卓越的训练看起来是完全浪费了，因为在这本书里并没有用到真正的密码学。索菲只是简单地用了她的联想技能把一串字谜串联在一起，从而合理地解开了书中的奥秘。最接近于密码学的是，她意识到其中一个字谜是埃特巴什码密文。就同你理解的一样，埃特巴什码并不提供保密性，所以索菲立马就能解开这个秘密信息。

所以，代码是用来隐藏信息的算法，但通常提供不了保密性。如果一个安全机制需要提供保密性，它真正需要的是一个使用密钥的算法。

升级简单的埃特巴什码

现在是升级埃特巴什码的时候了。要想把埃特巴什码的基本思路变成更有用的东西，明文字母串必须以不同方式打乱。埃特巴什码只有唯一打乱字母串的方式，即颠倒字母顺序。颠倒字母顺序只是用来打乱明文字母串的诸多方式中的一种，更理想的是以其中任何一种方式来打乱字母串。这就是众所周知的简单替换密码。

简单替换密码最好被看成一张表，只是第二行不是颠倒顺序的字母表，而是一组随机排列的字母表，其中每个字母只出现一次。如同埃特巴什码一样，简单替换密码也是用第二行的字母替换第一行的字母。

简单替换密码的第一个示例如下：

明文：A B C D E F G H I J K L M N O P Q R S T U V W X Y Z
密码：D I Q M T B Z S Y K V O F E R J A U W P X H L C N G

明文 TOPSECRET 被打乱成密文 PRJWTQUTP。

简单替换密码的第二个示例如下：

明文：A B C D E F G H I J K L M N O P Q R S T U V W X Y Z
密码：N R A W K I L F O C T E Y P V J S D B X H M Z U Q G

明文 TOPSECRET 被打乱成密文 XVJBKADKX。

看到进步了吧？在埃特巴什码里，打乱算法用 Z 替换 A，Y 替换 B，依次继续下去。埃特巴什码不能提供保密性的问题在于，所有人都知道这个算法，也就知道了替换方式。在上述简单替换密码的第二个示例里，打乱算法用 N 替换 A，R 替换 B，A 替换 C，依次继续下去。假设每个人都知道算法，那简单替换密码与埃特巴什码之间还有区别吗？

存在巨大区别！关键是在简单替换密码的第一个示例里，替换方式就不再是“N 替换 A，R 替换 B，A 替换 C，依次继续下去”。每个人都知道算法是“用第二行字母替换第一行字母”，但不知道真正使用的是哪一张表。知道真正使用的表，就能把那些我们想让知道明文的人与其他人区别开来。这里真正使用的表就是密钥。

让我们看看这是怎样工作的。你想用简单替换密码给你的朋友发一条保密信息，你和你的朋友首先需要约定一把密钥。换句话说，你和你的朋友需要约定一个随机排列的字母表。现在先假设你们能约定这张表，并且选了上述第二个示例里的表，也就是排列顺序为“N　R　A　…　Q　G”的这张表，如果你想发送明文 TIMEFORCAKE，就用这张表里的第二行字母替换第一行字母形成密文 XOYKIVDANTK。然后把密文 XOYKIVDANTK 发送给你的朋友，而你的朋友用同样的表来把密文解密成明文 TIMEFORCAKE。

现在让我们从攻击者的角度来考虑如何破解这条秘密信息。假设攻击者知道你使用简单替换密码算法，并获取了你发送的密文，如果你使用埃特巴什码的话，攻击者马上就能把密文 XOYKIVDANTK 解密成明文。但如果你使用简单替换密码，攻击者只知道明文字母被一组未知排列的字母表里的字母替换。密文中的字母 X 可能代表任何明文中的字母，字母 O、字母 Y 以及其他字母也是。

攻击者现在是多么的无助啊！当然攻击者总是有一个可用选项，

即不知道密钥可以猜。由于密钥是随机选择的，攻击者需要猜一个随机重新排列的字母表，并希望能走运而猜中。随机排列的可能性是 26 个字母的排列组合。这很容易算出。第一位字母可能是 26 个字母之中的任何一个，也就是 26 种可能性。第二位字母可能是 26 个字母中除了第一位字母的 25 个字母，也就是 25 种可能性。这前两位字母合起来的可能性有 $26 \times 25 = 650$ 种。第三位字母可能是 26 个字母中除了第一位和第二位字母的 24 个字母，也就是 24 种可能性。这前三位字母合起来的可能性有 $26 \times 25 \times 24 = 15\ 600$ 种。每加一位字母，继续乘以新的可能性，直到最后一位字母。最终，26 位字母合起来的可能性有 $26 \times 25 \times 24 \times 23 \times 22 \times 21 \times 20 \times 19 \times 18 \times 17 \times 16 \times 15 \times 14 \times 13 \times 12 \times 11 \times 10 \times 9 \times 8 \times 7 \times 6 \times 5 \times 4 \times 3 \times 2 \times 1 = 403\ 291\ 461\ 126\ 605\ 635\ 584\ 000\ 000$ 种。这个数字有多大呢？为节省时间，你可以直接在计算器上输入“26”！（排列公式）。如果你用的是一个廉价计算器，计算器就会报错，因为这个数字太大，超出了计算器容量。如果你用的是高级计算器，它会显示 26 的排列数是一个特别巨大的数。这个数是我们宇宙里所有星球数量的 4 万倍。简言之，要在这样特别巨大的数中挑出一个正确答案，攻击者是绝对不会在这上面浪费时间的。

埃特巴什码只是简单替换密码 26 的排列数中的一个。如果你随机选择密钥，只有极小极小的可能性选中了埃特巴什码，就如同选中了上述第一个示例和第二个示例的可能性一样。每一把密钥被选上的可能性就如同从 4 万倍的宇宙星球数量中选中一颗星球，即使罕见地选上了埃特巴什码，攻击者自己可能都无法相信。

从这个角度看，简单替换密码提供了保密性。但在急着使用简单替换密码保护计算机里的秘密之前，需要提醒大家，尽管用简单替换密码作密钥确实具有 26 的排列数的可能性，但它提供的保密程度还是极其有限的，因为攻击者能使用一些比猜密钥更容易的方式来破解密文。此处先不深入讨论这些方式的细节，与隐写术和埃特巴什码不同，简单替换密码是一个使用密码学安全机制来提供保密性的真正（带有瑕疵的）例子。

加密

使用密码学安全机制来提供保密性就是通常说的加密。任何加密机制都包含一套用来打乱明文的加密算法和一把密钥，加密算法也被用来验证加密方式。加密算法需要输入明文和密钥，以及定义输出密文的流程。在简单替换密码里加密算法就是用第二行的字母替换第一行的字母，而密钥就是第二行随机排列的字母表。

逆向加密过程就是通常说的解密。解密同样需要输入密文和密钥然后输出明文。解密算法是加密算法的逆向过程。简单替换密码的解密算法就是在第一个和第二个示例中使用第一行字母替代第二行字母。加密算法和解密算法是如此相互紧密地联系在一起，通常就统称为加密算法。

出于好几个原因，加密是一个极其重要的安全机制。首先，加密被使用的时间是最长的。历史上恺撒大帝、苏格兰女王玛丽一世、拿破仑都用到了加密来提供保密性。第一次和第二次世界大战及随后的冷战期间都依赖加密来为秘密通信提供保密性。

其次，加密也被现代社会所广泛使用，比如你做的这些事就用到了加密：用手机打电话，从 ATM 取款，接入 Wi-Fi 网络，网上购物，通过虚拟专用网络（VPN）从家里登录公司里的计算机，看付费电视，在社交网络里发信息，等等。也许加密是密码学中最吸引人的应用，但需要提醒的是，这些只是提供了保密性。今天，加密与其他密码学安全机制一起来提供附加的安全保障，比如手机电话加密只是在密码学已经被用来验证了手机里面的 SIM（用户身份识别模块）卡之后，银行卡转账加密也是以加密数据在传送过程中没有被修改为前提。

以简单替换密码为例，可以看到明文加密本身并不能保证收到的明文等于发送者想要保护的明文。在第二个示例中，明文 TOPSECRET 加密后成为 XVJBKADKX。这个过程可以防止攻击者直接获取明文。

但是这并不能防止攻击者在密文到达接收者之前修改密文。比如攻击者可以替换密文中的一个字母。如果攻击者把第一个字母从 X 换成 J，接收者就会把密文解密成 POPSECRET（也许 POPSECRET 就是可口可乐配方中的神秘成分）。密文在传送过程中是否出了错？接收者怎么能知道出了错？尽管攻击者并不知道这些修改对密文造成了什么影响，但接收者也不能保证解出的明文是否正确。[12]

对称加密

先让我们回到物理世界里的安全机制，在某种程度上，加密类似于把信息锁在盒子里的数字版。加密（和解密）算法就是锁（和开锁）的数字版，密码学的密钥就是物理钥匙的数字版。

非常重要的一点是存在不同类型的物理锁。最常见的是上锁和开锁都使用同一把钥匙的锁。与之类似，加密和解密都使用同一把密钥是默认的加密类型，这被简称为“对称加密”。简单替换密码也属于对称加密中的一种，加密和解密都使用同一把密钥，也就是第二行随机排列的字母表（见上述两个示例）。在加密算法里使用同一把密钥加密和解密被称为“对称”。

初看起来对称加密是很自然的，没必要使用不同的加密密钥和解密密钥。怎么可能用一把密钥加密然后用另一把密钥解密呢？还记得物理锁并不都是对称的吗？特别是弹子锁（这种锁通常与耶鲁制造商联系在一起）和挂锁，它们不需要钥匙就能锁上，一般压一下即可，钥匙只是用来开锁。令人难以相信的是，密码学也存在数字版的弹子锁和挂锁。使用不同密钥来加密和解密的机制被称为“非对称”。

直到20世纪70年代，所有加密机制都是对称的。恺撒大帝、苏格兰女王玛丽一世、拿破仑有什么共同点吗？他们都只用到了对称加密。即使是阿兰·图灵，在第二次世界大战中应用密码学的天才，也认为非对称加密的想法是不可思议的。[13]

今天，对称加密还是最常用的加密类型。当你加密计算机里面的数据时，就是使用了对称加密。手机和电脑的蓝牙通信也使用对称加密。前面所提的日常生活中使用到的加密都是对称加密：Wi-Fi网络、手机通信、网上银行支付、网上购物等。事实上，如果你想对文件、表格、网页表单、电子邮件、语音通话等这类数据保密的话，就用到对称加密来提供保密性。绝大多数加密都是对称加密。如果不是因为有一个接下来将会提到的小问题的话，事实上所有加密都可以是对称加密。

随着密码学知识的进步，对称加密算法也逐渐完善。这个完善过程并不是渐进的，而是随着加密算法知识进步的跳跃式过程。

大约在16世纪中叶，著名的对称加密算法维吉尼亚密码（Vigenère Cipher）就诞生了，直到美国内战期间仍在使用。随着19世纪下半叶统计分析技术的发展，维吉尼亚密码被解密了。[14]

恩尼格玛密码机（Enigma machines）基于连接一系列转子的触针实现了对称加密算法。最著名的应用是在第二次世界大战中。[15]恩尼格玛密码机用作对称加密机制被二战后因通信变革而兴起的数字计算机取代。

在20世纪70年代以前，对称加密主要用于政府和国防绝密信息，但随着20世纪70年代商用计算机的到来，这一切都变了。首先是在金融领域，对称加密的商业需要变得显而易见。从那时起直到现在，需要保密的机构都选择使用加密算法来保密，因此商业加密需要一个新的开放型人人都可使用的对称加密机制。

1977 年，美国政府发布了一个名为数据加密标准（DES）的对称加密算法。[16]这是密码学史上的重要时刻，它标志着密码学从秘密机构走进了公众视野。从这时起，专家们就可以广泛利用 DES 进行评估和审批。DES 的建立是史无前例的，直接推动了美国商业机构使用它以及世界各地的密码学标准建立。这样普通公众就可以在日常生活中使用对称加密算法了，尽管有时是不经意的。

在 20 世纪的最后 20 年里，被广泛使用的对称加密手段是 DES。需要实时通信的快速加密则是一个例外，比如在语音通信时，对称加密是通过序列密码来实现的。序列密码也被称为“流密码”，流密码对每个明文字节独立地进行实时加密，是针对速度和效率优化的对称加密。而 DES 作为一种更为通用的对称加密算法，也被称为“块密码”，它对明文字节分段进行加密。

20 世纪末，DES 不再是有效的对称加密算法，主要是由于计算能力持续提升，超越了 DES 能提供的充分保密性。由于 DES 名噪一时，所以它还深藏在很多系统里。要把 DES 完全去掉是一件很难的事。在过去几天里，你可能就用到了某种形式的 DES 来加密数据，尤其是你刷了银行卡的话。

比利时制造的对称加密

现代对称加密包含很多种对称加密算法。银行网络仍然十分依赖 DES，但由于单个 DES 加密不再具有充分的安全性，银行便使用基本的 DES 加密算法来加密 3 次，这被称为“三重 DES”。[17]随着对称加密技术的进步，应用块密码进行加密被称为“高级加密标准”（AES）。[18]

从 20 世纪 70 年代开始设计 DES 发展到 90 年代，密码学世界遇到了几个重要变化。一个重要变化就是互联网的兴起，增加了在网络空间里进行商业活动和日常生活的需求，各种各样的技术也在与网络空间联网。当开发 DES 时，对称加密主要被银行网络里的专用计算机应用，所以 DES 是为计算机硬件量身定制的。从 20 世纪 90 年代起，对称加密的需求不再局限于计算机硬件，计算机软件也需要应用它。此外，计算机硬件的类型也更加多样。在 20 世纪 70 年代，所有计算机都类似。但进入 20 世纪 90 年代，超级计算机和极小设备如智能银行卡（带有芯片的银行卡）都需要密码学。

另一个重要变化是密码学专业知识。在 20 世纪 70 年代，绝大多数密码学学者为政府或军事机构服务，密码学的专业知识基本上只有这些机构的雇员了解。美国政府在 20 世纪 70 年代向 IBM（国际商业机器公司）提出参与 DES 设计的要求，IBM 是当时屈指可数的几家研究密码学的公司之一。到了 20 世纪 90 年代，密码学社区在大学科研机构和私人企业蓬勃发展，特别是在通信领域的企业，这些企业依靠密码学的有效性建立起了商业帝国。

美国国家标准与技术研究院（NIST）被委任采购 21 世纪新一代对称加密算法标准。NIST 决定采用公开竞争的方式设计新的 AES 算法，让政府部门之外的密码学社区也能参与。考虑到新的对称加密算法可能被应用到全球各地的产品中，NIST 也允许国际机构参与设计竞争。[19]

这是设计加密算法的重要变革，绝大多数密码学领域的领军人物都积极参与其中。我对这个过程的个人贡献只是劝说我的比利时同事文森特·里克门（Vincent Rijmen）把他与琼·达蒙（Joan Daemen）共同设计的候选算法改一下名。我不太相信任何名为“Rijndael”的算法

（二人的姓加起来模仿一个名为“Rivendell”的虚拟山谷）会被接纳。尽管他们没有采纳我的建议，但2001年这个比利时对称加密算法成为AES。

AES的设计简单优美，使它能被有效地付诸实践，这是非常重要的一点，令其在竞选中获胜。你也许会想，当代加密算法必须使用非常复杂的大大超越普通人理解范围的数学理论。是的，准确的算法设计细节通常是专家们才能够品味到的，但令人拍案叫绝的是，AES的基本思路是如此容易理解。为了揭开现代加密的神秘面纱，我将试图解释AES加密的工作机制。

回忆一下，加密机制由两种核心成分组成，即明文和密钥，二者混合起来生成密文。AES算法使用如下方式打乱明文。

第一步，把明文转换成字节。把最开始的16字节排成一个4×4矩阵。[20]如果还有更多字节需要加密，就组成第二个4×4矩阵，依此类推。如果没有足够字节再组成一个4×4矩阵，则在4×4矩阵里面填充冗余字节。然后明文就准备好被加密了。

第二步，替换字节。将4×4矩阵里面的明文字节用AES算法算出的字节替代，生成一个新的4×4矩阵。

第三步，行内移位。一行之中的每位字节都移动到指定位置，超过4×4矩阵的字节从最左侧加入。

第四步，列内变换。每列4字节根据AES算法算出新的排列方式。每一列的字节打乱了位置，但仍然是4字节。完成之后生成一个新的4×4矩阵。

第五步，加上密钥。前面几步虽然把明文以不同方式打乱，但并不是像洗牌一样无规则，密钥还没有被用到。AES算法定义了如何生成密钥，即从4×4矩阵中分出16字节，组成一把子密钥。混合后的明文矩阵加上子密钥矩阵生成一个新的16字节矩阵。

第六步，再重复一遍这个过程。一旦一个矩阵的 16 字节完成这个混合过程后，还可以再重复。最后矩阵的 16 字节再回到前面的步骤，重复整个过程（第二步至第五步）直到达到满足 AES 规定的混合程度。最简单版本的 AES（总共有 3 个版本，每个版本使用不同长度字节的密钥）是重复 10 次。每一个完整循环称为一轮 AES。

第七步，输出密文。最后 16 字节的 4 ×4 矩阵就是密文。

将密文解密成明文，把加密过程逆向操作一遍。

这就是基本思路。当然我省略了一些微妙之处和细节。把 AES 的核心思路讲解一遍，就是为了让你看到 AES 加密算法只是由一些相对简单的操作构成的，合并这些简单操作就能生成足以保障明文的密文。希望你也能认同 AES 是一个简单而优美的设计，但你可千万不要以为发明 AES 加密算法是一件容易的事。[21]

AES 被应用于很多现代技术中以提供保密性，比如在你的浏览器与网站建立安全链接时（当然你并没有选择使用 AES，而是浏览器代你选择了 AES）。AES 被充分研究和评审过，可以预见未来几年我们将继续通过行内移位和列内变换来保守秘密。

如果有人问你比利时以什么闻名，你应该知道还有什么了。除了炸薯条、啤酒、巧克力、虚构的侦探，还应当以密码学闻名。

无处不在的块密码

AES 不是对称加密唯一可用的块密码。多年来有很多块密码提案，包括那些当年在竞争决赛时只差一点点而最终失之交臂的方案。有很多块密码用动物、北欧神话、比利时啤酒来命名，甚至起了些朦胧的名字（如众人喜欢的快速香肠码）和鱼的名字。[22]但是这些块密码很少被用到产品里，还是 AES 的应用最广泛。

其中一个主要问题是，块密码不够灵活。回想一下，块密码是如何将一个块（一组字节，通常是 128 比特）的明文加密为一个块的密文的。但实际加密的明文经常超过 128 比特，因为 128 比特只能代表 16 位字母，加密更长的明文需要把明文截断成 16 位字母再进行加密，这显然不是一个聪明的办法。

还有一个主要问题是，重复的明文块将总是使用相同的密文块。这样，常用的明文块就可能被攻击者观察到并用来分析密文块重复的频率。更严重的是，如果攻击者发现了明文块与密文块的对应关系，当密文块再次出现时，攻击者很快就能解密。

针对这些问题，更高级的方式是不单独加密一个块的明文，也就是把不同块以不同方式连接在一起进行加密。这样的方式使得 AES 等块密码获得提供保密性之外的能力，比如一些运行模式就去掉最后一块填充，另一些被用来检查密文是否被改动，还有些专门被用于某一特定服务（如加密计算机硬盘）。的确，很多应用更适合使用流密码，块密码通过使用特定运行模式来加密，实际上就变成了流密码。[23]

对称加密是提供保密性的常用密码学方式，块密码是被广泛采用的对称加密机制，而 AES 是最多被用到的块密码。因此在网络空间里极度依赖 AES 来提供安全。

无处不在的 AES 会造成问题吗？毕竟多样性的生态通常才是最健康的。就像依赖于单一基因结构的食品会导致灾难性后果，密码不应当有多样性吗？

从一定程度上来说，对 AES 的依赖是一场赌博，但这场赌博是有些依据的。尽管并不能保证 AES 是绝对安全的，但 AES 这样一个标准化加密算法比其他块密码经历了更多考验。因此，人们对 AES 的信任随着时间的流逝而增长了。

在日常生活中，我们为了彰显个人品位而犹豫穿哪件衣服去聚会或者把房间装修成什么样。可是当购买一些纯粹的功能性产品时，比如洗碗机，选择可靠的品牌和型号将远胜于时尚样式。从这个角度看，加密机制更多的像是一台洗衣机而不是一件衣服。如果有一天，我们发现 AES 有一个无法预见的缺陷，由于事关全球共同利益，我们将马上寻找对应方案。一个不太流行的块密码也许没有这个无法预见的缺陷，但同时存在更大的风险，因为这个块密码没有经历那么多考验，并不一定像希望的那样安全。

密钥分发

对称加密是一个我们在网络空间里随时随地用来保密的神奇工具。可是使用对称加密还需要解决一个显而易见的问题。把明文打乱成密文需要一把密钥，而想把密文解密成明文也需要同一把密钥。对称加密工作的前提是所有需要密钥的人都能获取它。

如何完成密钥的分发呢？不能在谁需要密钥时都随变发送一把，因为密钥本身就是一个秘密。绝大多数的网络空间通信渠道，比如互联网，攻击者都能轻易地进入。在网络空间里我们通常用什么方式发送密钥给其他人呢？当然就是加密！在加密之前就需要一把密钥。是的，在把密钥发送给接收者之前得先有一把密钥，这就是密码学版本的“先有鸡还是先有蛋”难题。[24]

当我们在物理世界里使用钥匙时，我们极少碰到把钥匙送到哪里去的难题。当我们锁上东西时，我们自己通常就是需要开锁的人，没有必要把钥匙放在我们口袋以外的地方。我们不用通过锁上的盒子传递秘密，所以从不担心其他人该如何拿到钥匙以打开这个上锁的盒子。

换句话说，在物理世界里并没碰到对称加密所碰到的密钥分发问题。

对称加密密钥并不总是难以分发。在物理世界里当我们罕见地需要将一把物理钥匙交给别人时，我们通常会选择近距离交付。如果你想把大门的钥匙交给客人，就在见到客人时交到客人手中。如果因为其他原因不能见到客人时，你会把钥匙放在家门口附近的地方（比如在门前的花盆底下）。

同样，有一些对称加密应用也在近距离分发密钥。一个典型的例子就是家庭 Wi-Fi 网络，所有设备接入 Wi-Fi 网络都是受对称加密保护的。用来加密重要通信内容的密钥也是用来接入 Wi-Fi 网络的主密钥，只有 Wi-Fi 网络的主人才有能力生成这把主密钥。但是，Wi-Fi 网络的主人喜欢把关键的密码写在一张纸上（当需要时也常常找不到），也经常把打印出来的密码贴在 Wi-Fi 网络路由器盒子上。任何新的设备需要接入 Wi-Fi 网络或使用对称加密时都需要输入这个密码。主密钥可直接手动敲字母输入，或者当新设备紧靠着 Wi-Fi 网络路由器时，这个主密钥也可自动安装到新设备上。两种办法都可行的前提是设备在 Wi-Fi 网络路由器盒子旁边或在 Wi-Fi 网络主人身边。[25]

在物理世界里，有时需要一把新的钥匙来开锁。我们通常从一家可信的第三方获取。我们与可信的第三方至少有一些商业上的往来，比如我们通常从房地产经销商那里拿到新房钥匙（我们是否完全相信房地产经销商倒不是重点）。与之相似的是，当把现金交给汽车经销商换取新车钥匙时，我们对汽车经销商是足够信任的。在现实社会中，很多使用对称加密来保护秘密的场景也依赖于某个可信的第三方进行密钥分发。当银行给我们寄信用卡时，我们从银行来获取这些信用卡的对称加密密钥。当我们要获取手机 SIM 卡上的对称加密密钥时，要么从移动运营商那里直接获取，要么从移动运营商代理那里间接地获取。值得注意的是，在这两种方式里我们在需要使用密钥之前就早早地获取了密钥。

可是在网络空间里，有时需要做一些在物理世界里很罕见的事。在网络空间里我们经常需要使用锁和钥匙来与陌生人分享秘密。一个具体的例子就是在一家从未访问过的新网店里购买一件小东西。因为你想把支付细节对外保密，所以急需一把密钥。而你与网店的距离很远，所以不能去店里交换密钥。另外，由于以前也没有和这家网店打过交道，所以也没有交换过密钥（比如店家送了你一张奖励卡，上面带有一把密钥）。更麻烦的是，你想马上就买到这件小东西，而不想先通过其他昂贵的方式把密钥送货到家。

与一位陌生人分享秘密乍看起来是不可能的事，但同很多不可能的事一样，这在密码学世界发生了，当然这需要一个在本质上完全不同的加密类型。

第四章

与陌生人分享秘密

在20世纪70年代初期只有一种类型的加密方式，那就是对称加密。在20世纪70年代后期就出现了第二种。非对称加密概念对思维的颠覆性难以言表，它直指对称加密面临的密钥分发问题，使得之前没有共享过对称加密密钥的两个人可以在攻击者的注视下交换密钥。非对称加密就像是魔术，它也的确是魔术，它帮助密码学在网络空间里做出其他令人吃惊的事情，比如数字签名、数字货币支付、网上投票选举。

很多很多密钥

想要感受到非对称加密的威力，就让我们回到上一章结尾的例子，你在网上购物时突然需要一把密钥来加密你在陌生网店的支付细节。对称加密能单独解决这个问题吗?

第一种方式是先前提过的，可以通过送货到家的方式交付密钥。你或网店生成一把密钥，然后安排人工交付方式把密钥交给对方，比如使用快递服务。这不仅需要花钱，还浪费时间。对网上购物来说，这种方式是十分荒谬可笑的。

第二种方式是在链接网站之前共享密钥。因为与一个网站共享的密钥必须不同于与其他网站共享的密钥，密钥共享要求每一个可能访问的网站拥有一把密钥。

这个思路的问题在于它的规模巨大。现在网络空间里就有超过 15 亿个网站。[1]如果每一个网站都需要存储一把对应的对称加密密钥，你就需要存储超过 15 亿把密钥。假设全球一半人口能接入互联网，每家网店都允许每个能上网的人从它的网站购物，一个商家就需要存储 35 亿把密钥。

更有趣的事是，存储容量还不算是最棘手的问题。如果 35 亿把密钥都是 128 字节的 AES 密钥，商家只是需要保证 45GB 密钥的安全性（一个 45GB 的存储设备也不是很贵）。最麻烦的是怎样管理这些密钥。如何分发这些密钥？如何管理这些密钥与网站的对应关系？如何应付每分每秒都在冒出来的新网站？

第三种方式是建立一个所有互联网用户都信任的全球密钥中心。每个用户与全球密钥中心共享对称加密密钥，通过一张智能卡将这把密钥预先寄送给你。当需要一把密钥来保障与网站的通信安全时，先从全球密钥中心请求为此生成一把新密钥。然后全球密钥中心用你与其共享的密钥加密新密钥以后发送给你。通过此过程，网站也从全球密钥中心获得了同一把密钥。

当然，这只是如果。

首先存在一个政治上的问题。在互联网上，谁能被所有人信任来充当这个全球密钥中心的角色？各国之间还缺乏一些信任感，也许这个角色应该由联合国来扮演？但是，更大的问题是这个构架的中心化性质。任何人想与另一个人通信，都得先与全球密钥中心打交道，这将使通信大大地延迟。如果全球密钥中心有临时故障或被攻击，将导致灾难性后果。

需要指出的是，密钥中心方案对小机构来说是一个很好的方案。

比如，一家私人公司的管理机构与每位员工共享一把密钥是可行的。更进一步，很多公司都有自己的中心化网络，这样从密钥中心申请密钥就成为一个切实可行的方案。前提是所有用户之间都不是陌生人关系，因为劳动合同的存在，这些用户都与密钥中心共享一个共同的关系。[2]对大的松散型组织（如全球互联网用户），密钥中心方案就行不通了。

归根结底，在一般情况下只是使用对称加密来与陌生人分享秘密是不可行的。

物理世界的挂锁

让我们先从一个物理世界的假设场景里探索怎样和陌生人分享秘密。这个故事可能听起来有些滑稽，但希望能说明问题。

假设你收到镇上一个陌生人的名字和地址，必须送一封写有秘密的信给他。如果这个可能性不大，那就把这个陌生人设想成你的律师，打过电话但从未见面，这封密信是你最后的遗嘱和见证。

一个显而易见的办法是把信密封在信封里，再投入邮筒。尽管邮局系统是极好的，问题是一名好奇的邮差仍可能用蒸汽嘘开封口偷看里面的秘密。一个更保险的方式是将信放在一个手提箱里用锁锁住，然后将手提箱交给邮差，可是律师怎样拿到能打开手提箱的钥匙呢？

还记得有两种类型的物理锁吗？一种是需要同一把钥匙才能锁上和打开的锁，而挂锁则允许任何人锁上，但只有持有钥匙的人才能开锁。

上述场景里就可以用挂锁来保障密信的安全。[3]首先，把密信放在手提箱里，用只有你才有钥匙的挂锁锁上。然后，通过邮差将手提箱递送给律师。尽管邮差可信，但还是要防止他偷看密信，所以需要将手提箱锁上（密码学里把信使称为“诚实但好奇的人”）。

接着，律师收到手提箱后并不能打开它，因为没有挂锁的钥匙。律师便在手提箱上加上另一把只有他才有钥匙的挂锁，让邮差将手提箱送回给你。现在这个手提箱是绝对打不开了，因为上面有两把锁而没人同时拥有这两把锁的钥匙。

在你收到手提箱后，你打开自己的挂锁而让律师的挂锁仍然锁在上面，并让邮差把手提箱送回给律师。邮差感到恼怒，但也很高兴多收了两次费用。最后，律师用钥匙打开挂锁取出手提箱里的密信。

这是一个烦琐的过程，但它达到了保密的要求。到底发生了什么事呢？这三趟来回最终的目的是用律师的挂锁锁上手提箱以便只有律师才能打开。上述解决方案可能有点好玩，但对一封信来说是过于费劲了。我们需要一个省时、省钱、低碳的改进方案。比如，可以先打电话给律师要求对方送一把挂锁过来。律师通过邮差将挂锁递送给你。你收到挂锁后，将密信放在手提箱里，再使用挂锁将手提箱锁上，然后邮差将锁上的手提箱递送给律师。

通过邮差传递挂锁的思路还是有点不完善，但比来回三趟要好得多。更重要的是，这就是非对称加密的基本模式。

网络空间的挂锁

唉，挂锁还需要递送，要是不受物理限制能瞬间穿越到任何需要的地方就好了！这样，在物理世界里与陌生人分享秘密就容易多了。

幸运的是，在网络空间里穿越是可能的。从理论上讲，用电子邮件取代手提箱，一把数字“挂锁”的传递速度可达光速。如果这个思路切实可行，我们就能在网络空间里与陌生人分享秘密了。当我们链接一家从未访问过的网站时，所需要的就是一把非对称加密能提供的数字挂锁。从理论上讲，一把挂锁是谁都能锁上的，但只有有钥匙的人才能打开。一把数字挂锁的加密方式也类似，任何人都能加密，但只有指定的人才能解密。既然每个人都能用密钥加密，那密钥就需要被每个人都知道。换句话说，这把密钥是一个公开的秘密。这类密钥被称为“公钥”，对公众开放。所以，非对称加密常常被称为“公钥加密”。

与之相反，只有指定接收者才能打开数字挂锁。跟对称加密一样，指定接收者需要将解密密钥保密，这把密钥就被称为“私钥”。与挂锁钥匙一样，这把私钥不能与人分享，只有指定接收者才拥有。在非对称加密中，加密密钥与解密密钥是不同的，尽管它们不同，但这两把密钥必须是以某种方式关联在一起的。

让我们盘点一下非对称加密是怎样工作的。任何人都能用公钥加密，但只有私钥持有者才能解密。正向加密是任何人都能做的事，但是除了私钥持有者，任何人都不能逆向解密。这个过程要怎么实现呢？

想想生活中有很多这样覆水难收的例子。比如用新鲜食材做晚餐，从头开始做好吃的晚餐比较容易，但要从晚餐逆向还原为新鲜食材基本上是不可能的。因为烹调过程中涉及的化学反应导致了变形和融合，这是一个不可逆的过程。

烹调不是一个对非对称加密的最佳比喻，因为逆向还原初始食材是不可能的。在非对称加密中，想要达到的是大部分人都不能还原初始材料，但持有私钥的人可以。解密是可能的，只是被限定在一种特殊条件下。因为不能解密是不可能的，只能求其次，即任何不知道私钥的人都将极难进行解密。[4]

非对称加密需要找到一种使计算机很容易正向实现但极难逆向还

原的方式。把人类变成互联网的附庸？让我们沉溺于网络社交？让我们忙个不停？让我们不睡觉？这些都有可能，但需要一种更准确的东西。需要找到一个计算任务，让计算机很容易正向算出结果但很难逆向算出结果。

闪烁的光标

要想知道如何实现非对称加密，就得搞清楚什么是计算机难以计算的，也就是极其费时的计算任务。假设经费不成问题，想象一个对计算机极具挑战的计算任务。你买了一台计算机，编程后按下执行键去执行这个计算任务。计算机执行了几天几夜还在计算，几周、几个月过去了，计算机变得越来越烫，最终一丝青烟冒出。你下一步会做什么？再去买一台功能更强大的计算机？

也许并不会。计算机具有强大的计算能力，能做令人震惊的事情，但有些计算任务即使是最好的计算机也望尘莫及。如果让计算机去执行这样的计算任务，也许就算等到计算机冒烟也等不到答案。

想象一个可完成但比较费劲的任务，比如每周的清洁打扫，需要花费多少时间？也许是半天（和我生活的人会认为这是一个乐观的估计）？是的，虽然费劲，但是这个任务能在一个可接受的时间内完成。假如你发现你有清洁打扫的天赋，并决定以此为生，那么你首先需要开发业务市场。

最显而易见的市场就是邻居客户。隔壁邻居让你清洁打扫并支付费用。另一家邻居也需要请人清洁打扫，再加上他们的邻居。再去敲了几家门，最后又找到 6 家房子让你清洁打扫。现在，清洁打扫可以成为一个全职工作了。尽管这些活也够你做的了，但你发现在小区范围内有更大的市场，你开始招聘员工，很快就成了拥有好几个员工的小老板了。你的事业小有起色，下面的重点是业务以可控规模逐步增加。

现在让我们考虑一个有些不同的市场战略。你决定在社交网络上请好友们做清洁打扫的广告，比如脸书。假设你有 100 位好友，其中 10 位回复让你清洁打扫，一周的日程马上就满了。如果在公告里再请求朋友们转发广告给朋友的朋友，假设每个人都有不同的 100 位朋友，假设其中也有类似的回复率（只是假设），你的广告可能触达 10 000 家，其中 1 000 家要求做清洁打扫。哎呀，你可能突然需要招聘 100 名员工去这 1 000 家做清洁打扫了。

几乎是一夜之间，你就从一个小老板变成一家规模可观的企业老总了。如果不受限制的话，这 10 000 家再把清洁打扫广告转发给他们的朋友，你的市场将达到 1 000 000 家，而其中 100 000 家需要你的服务。一眨眼，整个项目变得一发不可收。只是通过两次叠加轮回的裂变式市场传播，将触达十亿家庭，打扫范围从北极的圆顶小屋到卡拉哈里的茅草屋顶房。

这个例子的核心是有些工作任务的难度能随着数量增加在可控范围内增加，而有些工作任务的难度将随着数量增加变得无法控制。清洁打扫和计算任务都会碰到这个现象。一些计算任务在计算机上是很容易完成的，比如把两个数字加在一起。你可以让计算机把两个越来越大的数字加在一起，就像让小狗把枝条一条一条地堆在一起。但是，随着数字越来越大，它将达到计算机的最大容量，然后计算机便停止工作了。如果坚持要把两个巨大的数字加在一起，只需要买一个更大的计算机就可以了。可是有些计算工作就不像这样了，如裂变式的市场传播，一些计算任务很快就会变得无法被任何计算机控制。即使是用世界上最强大的计算机去算，它的光标会不停闪烁，耗费的不只是几小时，而是你的一生。[5]

这些类型的计算任务正是非对称加密所需要的。一方面，加密算法需要一个可控计算量使得任何计算机都能完成。另一方面，在不知道私钥的前提下，任何计算机试图运行解密算法将导致光标无助地闪烁，如同你的大脑面对明天下午需要招聘一亿清洁打扫员工一样。

素数因子

没有多少人真正理解密码学在保护计算机系统里面起到的作用（当然你正在成为例外），但素数在计算机安全中起到的作用是众所周知的。[6]素数贯穿密码学，其最引人注目的是在非对称加密算法里面的作用。

素数是指大于1的整数，并有这样一个简单特性：只能被1或素数自身整除。最小的素数是2（也是唯一的一个偶数素数，因为其他偶数都能被2整除）。3、5、7也是素数，但9不是，因为它能被3整除。下两个奇数素数是11和13，但15不是，因为它能被3整除。这个模型可以无限延伸，所以有无限的素数。

素数可以说是所有整数的最基本组件，因为所有整数都可以是两个或多个素数的乘积。例如，$4=2\times2$，$15=3\times5$，$36=2\times2\times3\times3$。事实上，整数只是一组特定素数的乘积。例如，$100=2\times2\times5\times5$。除了2、2、5、5，没有其他一组素数能够相乘为100。素数2、2、5、5被称为100的“素数因子”，也就是整数100的唯一基因。

整数与素数因子之间的唯一性构成了著名的非对称加密算法的基础，这个非对称加密算法就是RSA算法。RSA算法以它的3位发明者的名字首字母命名（Rivest、Shamir和Adleman）。[7]一个整数与它的素数因子之间的关系创造了前面提到的非对称加密所需的计算任务：从一个方向来看计算量是可控的，但从另一个方向来看计算量是不可控的，以至于会烧毁电路板。

可控的方向是乘积。计算机容易算 2 个素数的乘积。我们在上学时就学会了乘法，依次心算以下素数的乘法（必要时才用笔和纸）：3 ×11，5 ×13，7 ×23，11 ×31，23 ×23，31 ×41。

有什么体验？每个算式的计算时间依次递增，但每次计算肯定比泡一杯茶快。

用笔和纸的话，肯定能做更多素数乘法。算算 23 189 × 50 021（动动笔，马上给出答案）。用类似于在学校学的方法（如果你无法完成前面的乘法计算，那只是忘了而不是没学过），计算机能处理特别巨大的素数乘法。从这个角度来看，乘法对计算机来说是一个容易的计算任务。随着数字变大，完成计算的时间虽然会增加，但在可控范围内还是能得到计算答案。

逆向素数乘法是从一个整数算出素数因子。假设开头数字由两个素数组成，问题是哪两个？这看起来并不是一个非常烧脑的挑战，不是吗？令人惊奇的是，这个计算任务在计算机上迅速变成不可控的任务。随着这个整数变大到一定量，与直觉相反，即使是世界上最强大的超级计算机，如中国的神威 · 太湖之光超级计算机，具有每秒 12. 54 亿亿次的峰值计算能力，[8]也只能闪烁光标而无法返回答案。

为了理解为什么素数分解会变得如此困难，请用大脑去计算下面几个数的两个素数因子：21、35、51、91、187、247、361、391。注意心算时间是如何随着这些简单数字的增加而增加的（你的头越来越痛）。

还没算完就放弃了吧？这还只是非常小的数字。试试 83 803？或者更大一些的 1 159 936 969？如果你还真的用纸笔好好计算了一下，你会发现 1 159 936 969 = 23 189 × 50 021。或者你是否能算出来呢？素数分解法从最小素数 2 开始，然后是 3 和 5，直到用了 2 586 个素数才算到 23 189，我怀疑你是否真的能用纸笔算出来。[9]

在密码学应用中，23 189 和 50 021 是很小的素数。如今在 RSA 算法里，推荐使用的素数超过 450 位。[10]尽管这些素数这么长，笔记本电脑都能轻松完成所需乘法。但是如果让神威·太湖之光超级计算机计算它的两个素数因子，它也只能闪烁光标而无法回答。

基于素数分解的数字挂锁

RSA 非对称加密算法依赖于素数分解的难度来提供安全性。忽略复杂的细节，其基本思路如下。

为了创建一把数字挂锁，首先生成两个巨大的素数，每个素数大约 450 位长。这些构成私钥的素数必须保密（事实上私钥可以通过这些素数计算出来，而不是直接使用素数，此处忽略这个细节），只有你才知道这些素数。

这两个素数的乘积大约是一个 900 位的数再加上另一个值，这就构成了公钥。把这个公钥告诉朋友们、放到网站上、印在名片上，无论是谁都可以看到你的公钥。由于算出素数因子极难，尽管这两个素数被用来生成整数，但没有谁能拥有如此强大的计算机以算出这两个素数。

RSA 算法的细节用到了一些高等数学的概念，[11]我们先跳过。最重要的是任何想发送加密信息给你的，都必须首先获取你的公钥（因为这不是一个秘密，所以应该是容易的）。加密一段信息时，先把明文编译成数字（有标准流程完成这个过程）。加密过程本质上就是一系列用到明文和公钥的乘法。

由于计算机很容易做乘法，所以加密也很容易完成。收到密文后，解密也很容易，因为也只是涉及一系列乘法，只是用到密文和私钥了。任何其他不知道密钥的人拦截密文后试图理解密文就必须找到解密的方式。RSA 算法的逆向算法就是算出公钥的素数因子，由于没有计算机能在合理有限的时间里算出来，所以 RSA 算法被认为是一个极强的保密性机制。

上面用到的术语值得多做一些解释。首先，没有计算机能在合理有限的时间里分解素数因子，并不是说分解素数因子是绝对不可能的，可能性还是有一点的。先前提到，从 2 开始尝试除以所有素数将最终找到整数的两个素数因子。在目前计算机的计算能力下，在找到 900 位整数的素数因子之前，要么人类已经灭亡，要么变成了其他生物。[12] 注意，这个论点只是适用于今天的计算机能力，更精确的安全性分析将考虑到计算机能力在未来的增长。

也许更令人担忧的问题是，人们认为没有计算机能有效地算出素数因子。基于所有已知因素，我们知道算出素数因子是很难的。但基于未知因素，我们并不能说算出素数因子是很难的。一个更准确的说法应该是，在目前已知的智能技术里，分解素数因子是很难的。这并不排除一些未来的天才儿童或人工智能会找到一种新的方法来分解素数因子。新方法对所有依赖于 RSA 算法的技术无疑是毁灭性的。为了今天在网络空间里很多事情的安全，这些问题不仅仅是值得考虑一下的，在本书完结之前，还将对这些问题进行详细分析。

对计算量的依赖

在一封信的背面设计一个新的对称加密算法通常不能超过经过严

格安全检查的 AES 竞争决赛参与者，但提供的安全性也不是非常低级。因此，很多对称加密算法涌现出来，特别是在块密码领域。尽管大多数算法最终被发现存在漏洞，但也有一些没有被发现存在重大漏洞的算法，在理论上是可以用的。[13]

与之相比，只有为数极少的有价值的非对称加密算法涌现出来。创造一把数字挂锁需要有违直觉的特性，需要找到一个容易正向执行但极难逆向执行的计算任务。同时，如果知道一段特殊信息也能很容易地逆向执行。不过在目前已知的知识里不存在很多这样的计算任务。[14]

非对称加密概念出现于 20 世纪 70 年代，作为秘密机构的英国政府通信总部（GCHQ）和作为公开学术研究机构的美国斯坦福大学分别提出了这个思路。秘密机构虽然最早发现，但一个可能推动 20 世纪 90 年代计算机革命的思路被它们搁置在一边了。有趣的是，两者都只是提出了非对称加密的思路，并没有真正创造一个非对称加密算法，其他研究者沿着这些最初的思路实现了非对称加密。更令人惊奇的是，在秘密机构和公开学术研究里，寻找非对称加密算法例子的研究者们发明了 RSA 算法。[15]

这告诉我们两件事：第一，找到非对加密算法的例子是很难的；第二，RSA 算法也算是一种自然而然的方案。历史上数学家们对素数分解有很多研究，所以它是一个在设计非对称加密算法时自然而然会被想到的方案。特别重要的是，它是一个简单易懂的问题，这就使得 RSA 算法受到了广泛的信任。因此 RSA 算法是 20 世纪末和 21 世纪初最重要的非对称加密算法，被几乎所有需要非对称加密的应用所采用。

尽管如此，RSA 算法不是唯一常用的非对称加密算法。至少还有一个基于数学椭圆曲线概念的非对称加密算法也被相对广泛地用到。RSA 加密算法的安全性依赖于素数因子的计算难度，基于椭圆曲线加密算法的安全性依赖于离散对数的计算难度。[16]

非对称加密对某个特定计算任务难度的直接依赖性，既是一个优点，又是一个弱点。块密码的安全性则依赖于一系列错综复杂的路障。要获取明文，攻击者需要在一堵墙下挖洞，剪断一些铁丝网，选择其中一条秘密通道到达下一个路障，爬上一个光滑的土丘，蹚过一条河沟，穿越一片高粱地。要增加块密码的安全性，就设立更多路障直到确信攻击者不能穿越为止。

与之相反，非对称加密的安全性只依赖于一个困难的计算问题。如果这个问题是被充分研究理解并被普遍认为是极难的，那么该非对称加密算法就是可信任的，比如分解素数。但是，如果由于某种原因这个计算问题被发现不如期望的那样难，这个算法就被攻破了。这就像穿了一件防弹衣，如果真能防弹，就保证安全了；如果不能防弹，就得提防枪声。

这个不确定性至少在某种程度上解释了为什么人们对于新的非对称加密算法普遍持相对保守的态度，因为它们没有像分解素数和离散对数那样经历充分的研究。在本书结束时，将探讨这样的保守态度在未来需要我们克服。

数字挂锁问题

前面已经证明创建一把数字挂锁是完全可能的。非对称加密让计算机与一家从未访问过的网站建立起保密性通信。计算机先获取网站的公钥，公钥可能就明显标识在网站的首页上，这把公钥使得计算机能发送加密数据给网站。干得漂亮！

唉，还不完全是这样。遗憾的是这个数字挂锁还有两个重要的难题。两个都不是应用的障碍，但会导致较差的效果，其解决方案直接影响到非对称加密在现实世界里的应用。

第一个问题即便是在物理世界里也存在。还记得律师和奔忙的邮差吗？把一封密信递送给律师的有效方案是律师先把挂锁递送给你。这忽略了一个细节。邮差到你家，按门铃，交给你一个带挂锁的手提箱。这也许没问题，但如果邮差是不可靠的呢？毕竟邮差可能用他自己的挂锁，而不是律师的挂锁。你把密信放在手提箱里认为只有律师能打开，不幸的是，实际上只有邮差才能打开。问题在于不能确信这把挂锁是律师的挂锁。

这个场景类似于获取一家网站的公钥。你能确信网站上用来与店家通信的公钥真的是这个网站的吗？也许网站被攻击了。甚至，这家网站并不是你想要进行交易或购物的店家？在网络空间里诈骗及其他恶性事件层出不穷，就是因为幼稚的用户分不清假网站与真网站。非对称加密假定在加密任何东西之前的公钥是对的。如果这个假定不成立，所有以后的事就都不成立了。[17]

要解决公钥的可靠性就必须建立人及机构与公钥的有效联系，这成为一个难题。像很多技术一样，如果不涉及人的话，密码学能提供一个完美的方案。我们也许聪明，有创造力，渴望去拥抱新想法，但我们也会懒惰、自私、充满控制欲、幼稚。制造一把安全的挂锁是一件事，找到可靠和诚实的邮差则是另一回事。稍后探讨密码学如何被误用时，我将回到这个难题上。

假设能找到一种方式建立对公钥所有权的信任，仍然存在另一个问题。只不过这次是一个技术问题。所有已知的非对称加密算法都很慢，当然不像蜗牛那样慢，只是相对于对称加密，非对称加密比较慢。如果用 AES 加密数据，几乎没有延迟。当用 RSA 加密时，就会有一点儿也许用户都感觉不到的延迟。例如，在笔记本电脑上执行 RSA 加密将会耗时几千分之一秒。这个延迟看似无关紧要，但是对于收到上百万次请求建立安全链接的网站来说，这个延迟就变得重要了。所有这些几千分之一秒加在一起就变成了几秒的焦急等待。

曾经，几秒的延迟不重要。在20世纪20年代英国作家洛瑞·李（Laurie Lee）笔下的小说《罗西和苹果酒》（*Cider with Rosie*）里，罗西欢快地发起RSA加密算法（假设RSA加密算法已经被发明了并被一些设备所使用），然后去挤牛奶，再搅拌奶油，一两个小时后返回一些密文，这令他很开心。[18]

在当今疯狂的世界里，几秒却变得很重要。股票价格在一眨眼的时间急涨急跌。如果请求不能立即返回，消费者就关掉了购物车。上班高峰期车流疾速穿过自动收费关卡，慢半拍就会被紧追在后面的车撞上。所有的事都必须现在解决。速度对于加密这种虽然必要但没谁愿意在上面浪费时间的事就变得格外重要。这意味着加密速度不得不飞快。

两个世界的最佳组合

对称加密虽然快速，但有一个极具挑战的密钥分发问题。非对称加密虽然慢一些，但让加密密钥可以很方便地从网站下载。这两个加密类型都有优势和劣势，并且可以互补。怎么样才能利用这两个加密类型的优势而同时弥补它们的劣势呢？

让我们回到熟悉的场景里发掘答案：邮差交付一把律师的挂锁。先拿一把常规锁（用同一把钥匙上锁和开锁），把密信放在一个盒子里，用常规锁锁上。然后把常规锁钥匙放在一个小盒子里，用律师的挂锁锁上。把两个盒子都递送给律师。律师首先打开小盒子然后用里面的钥匙打开大盒子。这个例子越复杂就越滑稽。还是回到网络空间中，这个方案更容易理解。

这通常被称为“混合加密”。想要与网站建立安全链接，就先获取网站的公钥。尽管最好是使用公钥加密，但非对称加密太慢。所以生成一把对称加密密钥，使用“AES + 密钥”快速加密数据。然后使用“RSA + 网站公钥”加密这把对称加密密钥。这个过程当然也有点慢，但只是加密一段很小的数据，也就是一把对称加密密钥。这个128字节码通常比需要保护的网站通信数据小很多。最后将这两样加密数据发送到网站。网站先用（有点慢）RSA 解密获取对称加密密钥，然后（快速地）用“AES + 密钥”解密 AES 密文。这就是两个世界的最佳组合。

当非对称加密被用在日常生活场景时，几乎总是作为混合加密过程的一部分。如上所述，混合加密常常用于建立两个计算机之间的安全链接，比如当网络浏览器链接到网站时。混合加密也通常用于保证电子邮件的安全，对称加密密钥被电子邮件接收者的公钥进行非对称加密，而电子邮件的内容则使用对称加密密钥加密。[19]

非对称加密奇迹

非对称加密是一个奇迹，无法再用另一个词来形容了。很多世纪以来，密码学研究者一直被密钥分发问题困扰。他们无法想象最终还是用了一个密码学解决方案。数字挂锁的概念真是颠覆性的，能让陌生人与陌生人之间进行保密通信。20 世纪 90 年代后期，非对称加密使用量不断增长，同时初出茅庐的万维网用户也享受到了保密性。可以说互联网的成功在某种程度上依靠了非对称加密的奇迹。

当然，绝不能低估前面提到的两个使用非对称加密的问题。可靠地联结用户与公钥是一个非常复杂的问题。另外，非对称加密也比较慢。在2000年互联网泡沫时，非对称加密在著名的加德纳炒作周期（Gartner Hype Cycle）中从幻想的高峰迅速下降到幻灭的低谷。[20]急剧膨胀后泡沫破灭的互联网公司最终意识到非对称加密是一个带有一串尾巴的神奇怪兽，但它们不知道的是，即使是以混合加密形式，不到万不得已也最好不用非对称加密。

核心问题是，只是在开放环境里才真正需要使用非对称加密数字挂锁，因为涉及很多不可控系统（包括用户及使用的网络）。这正是访问万维网或在全球范围内发送电子邮件时的网上场景。相反，如果在一个封闭系统里拥有对整个系统的控制权，就没有必要使用非对称加密了。

选定加密技术、银行、移动手机运营商、汽车公司部署的电子钥匙、交通智能卡发行商、Wi-Fi网络管理员，在所有这些例子里都有一个可以控制全体用户、网络的实体，最重要的是可以控制对称密钥的分发流程。无论何时何地，只要能控制用户和比较容易地分发密钥，就没有必要使用非对称加密。你该愉快地接受对称加密带来的速度。

非对称加密应当被看成一个针对特殊问题的解决方案，即如何与陌生人分享秘密。能解决如此几乎不可能解决的难题的方案肯定会有它的劣势，但重要的是，这是可能和可用的，只是在万不得已的时候才用。

第五章

数据完整性

除了保密性，数据完整性是信息安全的第二个核心组成部分，它提供了数据未被篡改的证据。在物理世界，你的日常生活依赖于若干保证完整性的机制，比如信件的密封条和钞票的全息图。有时候你需要用一个环境或者上下文来保证完整性，比如你认为某处方药可以服用，那是因为它很像真正的药物并且是由看起来像医生的人开给你的。然而在网络空间，环境或者上下文并不是保证完整性的可靠条件，我们还需要一些其他工具。

不可靠的数据

什么样的数据才是安全的？每个人都有自己的秘密，人们通常认为数据安全就是保密的意思，提供保密性是密码学方案中排在前面的要求。然而事实真是这样吗？

想想你的银行账户，无论有多少余额，你并不想让所有人都知道。你可能会收到各种未经允许的商家推销。如果账户里有很多余额，你可能会收到奢侈品的推销；如果账户里只有很少的余额，你可能收到贷款的推销。你也许还会担心其他人根据账户余额推测你的生活方式。

因此，账户余额要保密似乎合情合理。

如果必须在余额的保密性和正确性中做一个选择，你会选择什么呢？真希望你永远不会面临这么荒谬的选择，但是真的遇到又该怎么办呢？或许更多人愿意看到比实际值高的余额，可是如果余额比实际值低呢？[1]

与书面文字不同，计算机上的数据非常容易被篡改，而且随时随地可能被篡改。数据在写入磁盘或从内存读取时都可能被意外篡改，数据在被应用程序处理时，或者在网络通信时，尤其是在无线网络传输时，也可能被意外篡改。数据甚至可以在没有任何操作的情况下，就被存储硬盘意外篡改，而这仅仅是因为设备的老化。

人们更关心的是数据的人为篡改。数据非常容易被篡改，在仅仅几秒的未授权访问中，“破坏数据”可能对一个公司的年度报表带来严重影响，也可能毁掉一名小说家最新的工作成果。在你的账户余额后面加个零可以改善你的财务状况，同样，删除一个零会导致你的财务状况变得很糟糕。

完整性是保证数据从被合法创建的那一刻起从未被篡改。注意，完整性并不是保证数据不被破坏。完整性机制能做的是提示数据可能在什么时间，以什么方式被篡改。[2]完整性机制只是一种警告，就像一只金丝雀在维多利亚时代的煤矿中的突然坠落，预示着矿井中瓦斯含量严重超标。[3]

完整性等级

完整性的概念不像保密性那么清晰明确，有很多不同的安全机制用来保证数据的完整性，它们之间存在一些区别。

第一个区别是针对完整性的威胁程度，有些安全机制只能识别对数据的意外篡改，而不能识别人为篡改。

第二个区别是这些安全机制是否包含数据源验证，数据源是指谁首次创建了这份数据。我们希望这些安全机制应用到日常数据的使用中。例如，当你向他人转账时，你希望收款者知道这笔钱是你转的。与保证数据从合法创建以来从未被篡改相比，这种安全机制更为强大，它保证了数据从某个可识别来源合法创建以来从未被篡改。因此，这种安全机制常被称为“数据源认证”。

第三个区别是完整性是否可以被证明。在很多情况下，当一个人向另一个人发送文件时，只有接收者需要有能力证明所接收数据的完整性。然而对于电子合同，能够向其他人证明完整性极其重要，比如向解决争议的法官提供证明。

下面是一些完整性机制的例子，它们可以提供不同等级的完整性。

假新闻也可能正确

完整性是在数据是否被篡改的意义上而言的，如果用它来保证信息本身是否正确，那毫无意义。正确和真实是两个不同的概念。为了理解这两个概念的差异，我们以假新闻为例，[4]假的新闻也可以是正确的。记者很容易编造一条假新闻并将其发布到新媒体中，由于缺乏对新闻发生环境的调查，人们很难判断其真实性，[5]假新闻也很容易在网络空间中传播。假新闻很可能是不真实的，但是只要读者阅读完这条记者故意编写的假新闻，我认为这条新闻就是具有完整性的。完整性机制可以使读者检测到自从这条新闻最初被报道以来是否被篡改过。在这种意义上说，即使新闻内容是不真实的，也可以认为这条新闻是正确的（和作者所写的一样）。换句话说，读者可以相信读到的新闻和作者所写的一模一样。

正确和真实容易混淆是因为传统的完整性概念有着不同的定义。[6]一种定义是“诚实可信且具有很强的道德”。但这两者似乎无法定义假新闻，因为诚实和道德是人类而非机器的可评估品质，这意味着密码学意义上的完整性机制对诚实和道德起不到任何作用。另外，完整性还意味着数据处于“完整和未被分割的状态”，这是我们在此要讨论的完整性概念，密码学可以用于检测自从数据被创建以来是否保持完整和未被分割。具有讽刺意味的是，密码学可以用来保证假新闻的完整性而不是防止它的传播。

完整性判断

为了保证数据的完整性和未被分割，我们首先需要确认数据来源的“真实性”。然后，我们该怎样保证数据的完整性，要从哪里着手呢？

最常见的方案是找一个可信数据源，作为检验完整性的起点。如果一个你信任的朋友告诉你某件事情，你会倾向于认可这条信息的完整性。[7]还有一种常见的方案是诉诸权威机构。例如，如果你不知道如何拼写某个单词，你会去查《牛津英语词典》，把它作为权威的信任源。

事实上，信任本身很难界定。例如，当你从网站下载软件时，会经常看到网站上显示一些被称为“MD5”的哈希算法。[8]这个哈希值可以验证你下载的软件与网站提供的是否完全相同。只有在你“信任”该网站时，这个验证才有用。你相信网站是善意的，而且还提供密码安全流程，因此它不太可能被黑客攻击。网站本身就可作为保证数据完整性的信任起点。至于信不信任这个网站，那是你的选择。

大多数保证数据完整性的密码学机制依赖于特定的信任源。这些信任源通常有自己的密钥。我将简短地解释信任源在不同的密码学完整性工具中是如何工作的。尽管如此，还有一些其他的可能用于完整性检验的参考方法。例如，每个人都说某件事是真的，我们就会相信它，而不必依赖一个特定的信任源。

2016 年，莱斯特城队夺取了英格兰足球超级联赛的冠军，这让足球专家和大多数球迷都感到意外。在没有亲临赛场观看球队夺冠的情况下，我们如何相信球队夺冠是真实发生的事情？在报纸上读到它，或在电视上看到它，或你信任的安古斯叔叔告诉你，你就要相信它是真的吗？你是否需要直接联系一下英格兰足球超级联赛主办方，去要一份书面的冠军确认函呢？当然没有这个必要，大多数人认可莱斯特城队夺冠的事实，是因为他们听到很多人说，或者在不同的地方都得到了确认。我们相信大家都认可的内容就是事实，而无须依赖一个特定的信任源。莱斯特城队获得当年的英格兰足球超级联赛冠军，这件事全世界都认可。

由于各种原因，人们对使用具有全球性信任的完整性机制的兴趣日益增加。这包括比特币（稍后详述）之类的技术，使数字货币的完整性不必依赖于某一家银行。

完整性检查

确认信息是否正确的一种方式是寻找相关证据。在法院庭审期间，通常会从多个地方收集信息，然后确认哪些信息大家一致认同，最终达到确保其完整性的目的。科学家会通过反复试验来验证实验结果的完整性。在理想情况下，我们可以综合评估从不同来源收集到的信息，来确认信息的完整性。

我们通常无法承受寻找证据支持所付出的昂贵代价。当我们使用浏览器浏览一个在线商城时，我们与商城之间交互的数据完整性就没有其他的信任源可以咨询。关于完整性的确认必须基于当前会话立即做出，并且方案要高效、低延时。

在物理世界中，我们如何解决这样的问题呢？举个例子，某位求职者为了获取一个职位，用人单位要求其提供一系列证明学历的文件，用人单位该如何保证这些文件的完整性呢？最极端的方法是与求职者的学校直接沟通，确认学历文件的有效性，但这种方法很低效。

更为常见的方法是要求求职者到学校去为学历文件盖印、贴封条。[9]封条的实际意义是间接地表明了这份文件的完整性由盖章者来保证。印章本身的信息量很少，比文件上的信息量要少得多，但是印章可以保证整个文件的完整性。用人单位只需仔细检查印章的真实性，如果印章是真的，就可以认定文件中的内容极有可能也是真的。

同样，在许多其他场景中，可以使用少量信息作为大量信息的完整性验证标识。手写签名是保证完整性的普遍做法。有趣的是，手写签名可被用于几种不同的安全场景，但最常见的用途是保证较长文件的完整性。当你签署某份文件时，你就认可了文件内容的完整性。其他人也可以通过验证签名，认为你在签署这份文件时确认过该文件内容的完整性。

印章和手写签名是对书面文件进行完整性检查的方法。但是它们的有效性依赖于文件的内容。不道德的求职者试图篡改自己的学历，并希望用人单位不会察觉。同样，欺诈者可以先签署某份文件，然后再篡改文件的内容。诉诸法律，比如在律师办公室保存合同的复印件，就是对抗这种欺诈的一种手段。

诸如印章和签名这样保证完整性的机制也存在一些问题，最主要的问题是它们是静态的，每次使用都不会改变。印章在原始文件和欺诈者篡改过的文件中是完全相同的。无论后面对文件内容进行多少篡改，手写签名也都是相同的。在物理世界中，我们很难想到其他的办法保证完整性，这就是为什么环境或者上下文对检查物理世界中的完整性如此重要。

在网络空间中，我们有机会把完整性做得更好。网络空间中的信息用数字表示，数字可以被组合和计算，因此我们可以在网络空间中做一些在物理世界中不可想象的事情。我们可以设计保证完整性的核心组件，它很小且易于使用，并且仅依赖于数据本身。换句话说，我们可以在文件上生成一个数字印章，如果文件被篡改，那么数字印章就不再生效。虽然我们在网络空间中失去了物理世界的环境，但是可以使用比物理世界更复杂的完整性机制。

恶意的图书管理员

我们先来认识一些简单的数据完整性机制。国际标准书号（ISBN）是一种国际上公认的唯一标识出版书籍的编码（你可以在每本书的封面上找到）。[10]例如，《腊肠犬的饲养》（约翰威立国际出版集团，2007）的国际标准书号是978－0－470－22968－2。这个国际标准书号与这本书是唯一对应的关系，如果其他人写了一本同名书，它也会有不同的国际标准书号。国际标准书号对于图书管理员和书店都特别重要，他们可以通过国际标准书号来找到正确的图书。

《腊肠犬的饲养》比“978－0－470－22968－2”这串数字更容易

从嘴中说出或者在键盘上敲下，即使出现了拼写错误，大多数计算机也能检测到并且自动纠正。如果你在输入“978－0－470－22968－2”时弄错了其中一位，就没那么幸运了。因此，国际标准书号要有内置的完整性机制，专为输入错误检测而设计。国际标准书号的前12位构成一个唯一序列，而第13位是校验位，用来检测前12位的完整性，是通过对前面的序列进行简单计算而得到的。将第1、3、5、7、9、11位求和，第2、4、6、8、10、12位求和再乘以3，将这两个数相加得到一个总和，然后用10减去这个总和的最后一位数字，就得到国际标准书号的第13位。根据上面的例子计算，(9+8+4+0+2+6)+[3×(7+0+7+2+9+8)]，得到的结果是128，其最后一位数字是8，再用10减去8得到2，就是该国际标准书号的第13位。

将国际标准书号输入计算机时，第13位会被重新计算。如果前12位中的任何一位数字出现错误，那么计算得到的第13位很可能与输入的第13位不同。例如，在我们的例子中，第4位数被错误地输入为1而不是0（导致不正确的978－1－470－22968－2），那么校验位计算的结果是9，而正确的国际标准书号的第13位是2。然而，有些输入错误可能不幸地未能被检测到，校验位看上去是对的（例如，我们犯了两个错误，在我们的例子中错误地输入978－1－470－22968－9），但是在大多数情况下，输入错误都可以被检测到。

重要的是，国际标准书号不是为处理人为篡改而设计的。如果图书管理员决定对国际标准书号进行人为篡改，那么这种机制无法保证其完整性。例如，假设图书管理员将例子中的第12位从8改为7。如果只改这一位，那么978－0－470－22967－2将被检测为无效数据，因为校验位不对。然而，每个人都知道第13位如何计算，因此，恶意的图书管理员只需要计算前12位的正确校验位是什么。通过计算，我们可以知道校验位是5。为了避免检测错误，图书管理员可以将最后的数字改为5，因此，这个国际标准书号978－0－470－22967－5是有效的，但是这个书号恰好是另一本书《吉娃娃的饲养》的国际标准书号。

图书管理员通常不是恶意的。国际标准书号的完整性机制是极其轻量级的，只是为处理意外错误而设计。尽管如此，在我们生活的许多方面都依赖于像国际标准书号这样的机制，虽然它们比较轻量级，但也优于完全没有完整性检查的编码。类似的完整性检查机制用在信用卡号码、社会保险号码和欧洲机动车编号这样的系统中。[11]

更强的完整性

校验位作为国际标准书号的一部分是非常基本的完整性机制，但它也与更强的密码学完整性检查有一些相同的重要特征。

校验位可用作保证完整性的简易标识，与文件上的印章所不同的是，校验位可以从数据本身计算得到。对于特定的数据，比如书号，只有一个校验位。因为校验位可用的数字比书号少得多（仅10个），所以不可避免地存在同一个校验位对应不同国际标准书号的情况。这本来不是问题，但是错误国际标准书号的校验位可以被正确地计算出来，导致系统无法检测到这个错误成了问题。增加更多的校验位可以降低这种风险，但是要以降低效率为代价（在这种情况下，国际标准书号会变得越来越长）。所以密码学的完整机性机制需要在安全与性能之间做出权衡。

再次强调，校验位不能保证错误一定能被检测到，相反，它只能以一定的概率检测到错误。它们并不能防止错误的发生（实际上，没有仅基于数据计算就能够防止错误发生的机制）或纠正已经发生的错误。这个结论同样适用于其他密码学完整性机制。

不幸的是，在更强的密码学完整性机制中，校验位有一个不太好的属性。国际标准书号校验位是通过将前 12 位相加和倍数在一起来简单计算得来的，所以我们可直接预测国际标准书号前 12 位的篡改将如何影响校验位的值。这意味着，如果我们篡改国际标准书号的一位或将两个国际标准书号加在一起，那么很容易确定校验位会变成什么值。它还使得预测何时两个国际标准书号具有相同的校验位变得非常容易。

也就是说，书商和图书管理员并不关心校验位的可预测性，也没有人想把两个不同的社会保险号加在一起。校验位仅对这个例子有效。

密码学中的瑞士军刀

校验位是“密码学工具商店”中的完整性工具之一。如果你愿意支付更多的成本，以实现复杂度和计算时长的组合为代价，那么你应当使用哈希函数作为完整性机制。[12]

哈希函数能将任何长度的数据映射成可用于完整性检查的较短数据，这些数据输出称为“哈希值”或“摘要”。对于密码学工具来说，不涉及密钥并不常见。哈希值和校验位一样，比原始数据小得多，并可直接用原始数据计算得到。如果我们想要检测文件在通过网络传输时是否遭到意外篡改，那么文件的发送者可以首先计算文件的哈希值。发送者将文件和哈希值发送给接收者，为了检查接收文件的完整性，接收者计算所接收文件的哈希值，并与发送者发送的哈希值进行比较。如果它们匹配，那么接收者可以断定该文件在传输过程中没有被篡改。

哈希值与校验位的不同之处在于它的计算过程。校验位是用非常简单的方式从原始数据中计算得到的，而哈希值是用加密算法计算得到的。我可以把之前提到的加密算法比喻为一个混合器。就像是将一组用于完整性检查的算法放入一个混合器，数据从混合器输出时并没有信息损失，这个比喻对于加密算法十分恰当。换言之，密文是明文的随机化版本，与明文保持相同（近似）的大小。哈希函数也混合了原始数据，但是它输出的数据比原始数据小得多。哈希函数更像一个榨汁机，即加入完整性机制检查，但最终输出的结果比输入的数据小得多。

与校验位相比，哈希函数的主要优点是哈希值与原始数据之间没有什么联系。与校验位相反，原始数据的篡改会导致哈希值不可预测地改变。即使你只篡改了文件中的一位数据，所得到的新的哈希值与原始文件的哈希值也没有明显联系。另外，与校验位不同，很难找到具有相同哈希值的两个不同文件。

这可能令人感到惊讶，哈希函数被证明是密码学家发明的最有用的工具之一。[13]与加密算法不同，哈希函数本身没有太多用处，但是它以各种其他方式支撑着更复杂的密码学操作。为此，它有时被描述为密码学工具箱中的“瑞士军刀”。

初学者可以把它当作一种加密“胶”，将不同的数据联结在一起。因为数据的哈希值在本质上是不可预测的，所以哈希函数可用于生成随机数。由于哈希函数能够压缩数据，所以它经常作为核心组件被用在数字签名等密码学机制中，以提高效率。哈希函数还可用于密码保护，比特币的加密机制就是建立在哈希函数的多次使用之上的。我将在后面的内容中讨论哈希函数的 3 种使用方式。

恶意攻击下的完整性

不幸的是，在有攻击者恶意篡改数据的情况下，哈希函数本身并不能保证完整性。图书管理员不可能从篡改国际标准书号校验位中获取利益，但是对于正在监视互联网上发送的文件和哈希值的攻击者来说，情况就不同了。如果攻击者想篡改文件而不被发现，那么他要做的就是先修改文件，然后计算修改后文件的新哈希值。当接收者检查接收文件的完整性时，新哈希值将被用到。出现这种情况是因为，正如任何人都可以计算国际标准书号的校验位一样，任何人也都可以计算数据的哈希值。

有两种方法来处理这个问题。第一种方法是，通过攻击者无法操纵的方式将哈希值传送给文件的接收者。假设你希望向朋友发送文件。首先，你将文件通过电子邮件发给你的朋友。然后，你的朋友给你打电话询问文件的哈希值应该是什么。由于哈希值是较短的数据，很容易通过电话沟通获取。最后，你的朋友检查从你那里接收到的文件的哈希值，并与你刚刚告诉他的哈希值进行比较。

在很多情况下，采用单独的手段保护数据的哈希值是不可能的，至少是不方便的。因此，哈希函数的用法需要改变，使得不是每个人都能计算数据的哈希值。幸运的是，存在这样做的方法。记住，哈希函数是一种在不使用密钥的情况下简单地将数据压缩成较小数据的加密算法。因此，第二种方法是，在哈希函数的计算过程中以某种方式引入密钥。

数据源认证

在密码学工具箱中的下一个升级产品是带密钥的哈希函数。假设你和你的朋友同意共享密钥，你可以将密钥附加到文件中，然后计算文件和密钥整体的哈希值。现在你将文件（没有附加密钥）和这个哈希值发送给你的朋友，你的朋友将共享密钥附加到接收文件中并且重新计算哈希值。如果重新计算的哈希值与所发送的哈希值匹配，那么你的朋友可以断定这个文件未被篡改。

这个流程可以保护文件免受恶意攻击者的攻击。攻击者可以在文件传输期间截获文件并且做出任何想要的篡改，但是他们无法计算篡改后的文件的有效哈希值。他们可以篡改文件内容，但是他们不知道密钥，所以他们不能将密钥附加到篡改后的文件并计算新的哈希值。因此，这种方式可以检测到对文件的任何篡改。

这个基本思想是极好的。但是由于各种技术原因，它不是很有效，我不在这里赘述。[14]在实际运用中，使用哈希函数需要以更复杂的方式引入密钥，而不是简单地将密钥附加到数据后面。这样的哈希函数通常称为“消息验证码”（MAC）。最流行的消息验证码算法之一被称为HMAC，[15]它是基于哈希函数构建的（它有“H”）。其他消息验证码算法以不同的方式构建，包括CMAC，[16]它是基于块密码（它有“C”）构建的。

事实上，消息验证码是在网络空间中用于保护日常应用最重要的密码学机制之一。消息验证码如此有用的原因是引入了密钥，不仅能避免攻击者对数据的恶意操纵，还加强了完整性保护的等级，它能够提供数据源认证，这个我之前介绍过。当文件的接收者成功验证了文件上的消息验证码时，密钥提供了文件本身数据源的证据。无论谁计算文件上的消息验证码，都必须知道密钥，而发送者是知道该密钥的唯一实体。因此，文件一定是特定的发送者发出的。

毫无疑问，人们经常使用消息验证码但并没有意识到它的存在。它为银行交易、刷卡支付、Wi-Fi 网络、安全的互联网链接和很多其他应用提供数据源认证（以及保证完整性）。实际上，对称加密数据而不添加数据的消息验证码并不常见。保密和数据源认证通常是同时要求的，因此块密码操作等一系列认证加密模式被提出，以便加密和计算数据的消息验证码在同时进行。这些认证加密模式日益普及，并且将来很可能成为默认选择。[17]

你能做的，我也可以

对于保证强完整性的数据源认证，你肯定会认为消息验证码已经是完美的工具了。它可以检测到数据的微小篡改，不管是意外的还是故意的；它可以确定数据来源；它被广泛部署在很多密码学最重要的应用中。那它有什么不好的地方呢？

消息验证码向文件的接收者保证文件未被篡改。这对于物理世界中的大多数应用是足够的，但它还不是我们曾经希望的最强数据源认证。为了理解为什么，请问自己这个问题：消息验证码能让任何人确信文件未被篡改并且来自特定的发送者吗？

考虑一下使用消息验证码在互联网上保护发送的数字合同。消息验证码让接收者确信这份合同来自发送者，但是假如之后发送者和接收者对该合同产生了争议，那会发生什么？如果他们请第三方来解决争议，一种可能是，接收者将消息验证码作为发送者发送的证据，并且发送者承认；另一种可能是，发送者争辩没有这种事情发生，是接收者在发送者不知情的情况下创建的合同和消息验证码。这个问题是由于发送者和接收者有着相同能力而产生的。第三方可以确定这份文件来自消息验证码密钥的持有者。但是谁创建了这份文件?是发送者还是接收者创建了消息验证码?两者都有密钥,因此任何一方都可以计算它。[18]

这个例子揭示了使用对称密钥提供数据源认证的固有问题。在这种情况下,因为对称密钥在发送者和接收者之间共享,所以无论发送者还是接收者,一方这样做了,另一方也可以(不是更好地,只是等同地)这样做。因此,接收者可以确认发送者为所接收文件的始发方,但是消息验证码不能使任何第三方确信此事。

因此,只要你不需要向其他人证明到底谁是数据源,消息验证码就是用于数据源认证很好的密码学机制。如果需要向第三方提供这种更强的数据源认证能力,就需要将一些非对称性引入消息验证码的密钥配置中,以便仅有一方具有创建消息验证码的能力。幸运的是,你已经了解了非对称密钥,不是吗?

数字反锁与不可抵赖性

大多数物理世界的完整性机制有校验位、哈希函数或消息验证码所不具备的特性。在文件上使用官方印章,或者在合同上使用手写签名并不能阻止其他人随后篡改内容,但是这两种完整性机制都提供了谁创建了它的不可抵赖的证据。成绩单的印章是成绩单颁发机构的权威证据。合同的手写签名在本质上陈述"签名在此"。但是任何人都可以计算哈希值,并且只要持有对称密钥就可以计算消息验证码。

完整性检查能锁定唯一来源的能力被称为"不可抵赖性",用来防止任何人创建了某份数据却矢口否认。不可抵赖性是完整性检查的高级版本，攻击者在哪里操纵数据，以及数据源是否需要被证明给第三方，都需要不可抵赖性。对不可抵赖性的强烈需求需要更强大的密码学工具。

不可抵赖性需要密码学机制保证在任何人都可以做完整性检查的同时锁定唯一的创建者。思考一下，这几乎与挂锁的作用相反。挂锁允许任何人锁住某物，只有有钥匙的人能够将其解锁。而我们需要的是一种“反锁”，只允许钥匙持有者创建完整性数据，但是允许其他人做完整性检查。

我们可以使用创建数字挂锁的知识来创建反锁吗？当然可以。由非对称加密实现的数字挂锁创建了提供不可抵赖性的密码学机制。这种机制与手写签名将数据锁定到唯一来源相似，所以它被称为“数字签名”。

数字签名

数字签名背后的原理是反向使用非对称加密。我的意思是交换公钥和私钥的角色。在非对称加密中，发送者通过接收者的公钥来加密他们的明文数据，然后接收者通过使用私钥来解密密文，这其中的关键是，只有接收者才拥有私钥。为了创建数字签名，发送者使用私钥来加密数据，接收者使用发送者的公钥来解密数据以验证数据完整性。只有发送者可以创建数字签名，因为该数字签名依赖于发送者的私钥。任何人都可以验证该数字签名，因为验证需要发送者的公钥，但公钥不是保密的。大致的创建想法是这样的。

实际上，这个想法不可能如此简单地实现。不仅大多数非对称加密算法都需要稍加修改才能实现这种逆转，更为根本的是，数字签名只能提供完整性检查，而不能提供保密机制。由于数据不是保密的，因此需要验证数字签名的人也认为收到的数据本身是合理的。所以，完整性检查应该被附加到原始数据上，正如手写签名被附加到文档上一样。如果数据被简单地“加密”以产生数字签名，那么签名最终是与数据本身一样大的“密文”。与校验位、哈希函数和消息验证码的紧凑性相比，数字签名是笨拙的和低效的。[19]

还有一个关键的问题是，为了创建数字签名，不必“加密”（更合适的词是“落款”）整个数据。对数据的摘要进行签名就足够了，摘要很小并且依赖于每一个原始数据。你应该能想到，我们正有一个强大的密码学工具！数字签名通常先用哈希函数来生成数据的哈希值，然后使用发送者的私钥对该哈希值进行签名。之后，任何人都可以通过计算数据的哈希值，检查数字签名的“解密”（在此处我们称为“验证”）是否生成相同的哈希值来验证该数字签名。如果是这样，那么验证该数字签名的人都可以知道以下几件事情。

首先，它可以向验证者保证完整性。如果攻击者篡改了传输中的文件，那么篡改后文件的哈希值将是不同的。攻击者可以计算这个篡改的哈希值，但是攻击者做不到的是在篡改的哈希值上产生新的有效的数字签名，因为它不知道原始发送者的私钥。

其次，它可以向验证者提供数据源认证。只有当发送者的私钥被用于创建数字签名时，数字签名才可以经由发送者的公钥被“解密”为数据的正确哈希值。因此，验证者知道数据来自发送者。

最后，它具有不可抵赖性。任何人都可以验证该数字签名，因为所需要的是知道发送者的公钥。重要的是，发送者不能抵赖签署数据，因为只有他知道与用于验证签名的公钥相对应的私钥。

数字签名是顶级的完整性机制，在所提供的完整性检测强度方面，它们实际上不能被破坏。然而，你在不付出代价的情况下不会得到最好的结果。幸好，你已经注意到使用数字签名与非对称加密的成本相同。一方面，我们能确定公钥的有效性问题，在这种情况下，用公钥验证密钥。另一方面，数字签名比其他数据完整性机制计算要慢，因为它们依赖于非对称加密算法。

正如非对称加密一样，除非你真正需要数字签名提供的强完整性，否则不采用数字签名可能是更明智的选择。如上所述，消息验证码足以满足我们日常对于密码学的使用要求。在某种意义上，数字签名是针对完整性的，非对称加密是针对保密的。在开放环境中，我们倾向于使用非对称加密和数字签名。例如，大多数安全电子邮件系统给予用户加密电子邮件（使用混合加密）和/或数字签名电子邮件的选项。但你的 Wi-Fi 使用对称加密和消息验证码，因为它是共享密钥的简单封闭环境。

然而，讽刺的是，数字签名最重要的用途之一是解决它在使用中遇到的主要问题！数字签名是最常用的公钥验证方法的重要组成部分，而不管公钥是用于支持非对称加密还是数字签名。这个之后再详述。

数字签名与手写签名的差异

数字签名这个术语结合了在网络空间中的签名和数字两个概念。因此，它要求在网络空间中的数字签名与物理世界的手写签名等效。这也许很有吸引力，但并不全是这样。数字签名与手写签名是不同的，即使它们确实共享某些特征并且都是不可抵赖性的机制，但它们的本质是不同的！

在许多方面，数字签名都优于手写签名。到目前为止，数字签名的最大优点是它直接从原始数据中计算得到。如果数据以任何方式被篡改，数字签名就会改变。因此，文档的不同版本具有不同的数字签名。然而，你有“我很忙但是你不必认清这个”的签名给快递员，同时你有“当我需要时，我可以写出非常棒的书法”的签名给你的护照申请机构，但是通常手写签名在文档与文档之间有轻微的不同。

数字签名的另一个好处是它可以被精确复制。如果使用相同的签名密钥对相同的数据进行二次签名，会产生相同的数字签名。这个特征具有在法律案件中提供强有力的证据的潜力。手写签名不具有这种绝对精确性，有时需要专家来确定两个手写签名是否相同。

尽管如此，数字签名还是存在一些缺点的。最重要的是，数字签名依赖于密码学基础设施，它需要良好的密钥管理实践和可靠的技术。如果在这种代价高昂的基础设施中存在弱点，那么数字签名就会无效。例如，攻击者设法窃取另一人的签名密钥，那么攻击者将能够创建看似来自受害者的数字签名。手写签名不需要这种基础设施，而且文字可以随处书写。[20]

全局信任源

为了保证数据完整性，我们要再次考虑完整性依赖于什么，什么可以帮助我们做决定。我们可以通过对照网站上显示的 MD5 哈希算法来检查所下载文件的完整性，只要我们信任该网站，该验证就起作用。我们可以通过本地重新计算接收的文件消息验证码来确定该文件的来源，只要我们相信发送者是唯一拥有消息验证码计算密钥的人，该验证也起作用。我们可以通过将适当的公钥应用于签名来验证电子邮件消息上的数字签名，只要我们相信公钥对应电子邮件发送者的私钥，该验证就同样起作用。

所有这些例子依赖于一些非常特定的信任源。MD5 哈希算法的有效性要求信任网站的应用和管理。消息验证码需要信任消息验证码密钥的分发和保密。数字签名需要信任私钥的分发和保密，以及信任公钥的真实性。当缺乏这些信任时我们能做什么呢?

想想莱斯特城队夺取了英格兰足球超级联赛冠军这件事，之前我们提到它的时候是在说，如果每个人都说它是真实的，那么我们倾向于信任这条信息的完整性。然而，我们还是得稍微小心点，因为我们不知道“每个人”实际上是谁。

例如，某些特定国家的公民受到非常严格的信息管制。他们几乎没有与外界交流的途径，这导致他们相信的事情与我们大多数人相信的有偏差，这主要是因为每个人所认同的事情与他们接收的信息有关。[21]

这个国家广播的内容可能并不总是真实的，但他们接收的信息并未被篡改，从这个意义上来说，信息具有完整性。每个人都接收相同的信息，并且大多数人相信这是事实，这有助于增强信息的完整性。但正如我们讨论假新闻的时候所提的，这并不是事实的真相。

其他所谓的民主国家也不总是处于获取真实信息的有利位置。传统媒体、社交网络和搜索引擎都会产生过滤气泡，我们可以通过多个信息渠道来影响用户相信的事情。[22]用户可以信任某些信息的完整性，因为“每个人”似乎都说它是正确的。然而，在这些例子中，“每个人”的概念通常以用户可能不喜欢或不理解的方式来定义。就像某份报纸的读者经常具有共同的偏好，社交网络也是用户自选的，大多数人选择志趣相投的人当朋友，并且搜索引擎是受用户先前行为（搜索历史、对网页的访问等）影响的算法驱动的。在这些情况下，“每个人”可能仅是少数人，并且将很可能不代表所有群体。

维基百科提供了另一个有趣的例子。你在维基百科上阅读某些内容，认为它肯定是正确的，对吧？很多人都信任维基百科，将其视为可靠的信息源。但要知道的是，几乎任何人都可以创建和编辑维基百科网页。在维基百科上显示的信息不断随着用户的阅读、争论和修改而改动。因此，维基百科的网页最终代表了“每个人”所说的共识。这种论点的问题是，有些维基百科的页面被大量访问，而也有些页面很少被访问，因此，对于每个单独的页面，“每个人”的概念都是不同的。所以，维基百科的信息质量是经常变化的。[23]

如我们所看到的，群体的智慧带来危险。信息是否正确非常依赖于使用它的群体。然而，尤其是当不存在完整性的中心信任源时，使用全局信任源来获得完整性的想法是非常普遍的。有人怀疑巴黎是法国的首都吗？

我们不能总是依赖于“每个人”，“每个人”对特定信息的说法不代表信息的完整性被所有人认可。我们不能一直等着完整性随着维基百科页面上的信息增长而增长。所以，我们该如何使用全局信任源这种思想来支持信息的完整性呢，比如你到底拥有多少比特币？如何找到能够普遍依赖的有识之士呢？

每个人都是银行

你的银行账户有多少钱？不要告诉我！只是考虑一下你要如何建立该数字的完整性（无论是正的还是负的）。你如何真正知道银行账户的正确余额？无论你是否喜欢，对这个问题的最终答案是你需要信任你的银行。银行是你的余额的权威来源。你也许对细节有争议，但是坦率地说，如果你不信任你的银行，那么你应该将你的钱转到别的银行。[24]

然而，对于某些类型的信息，可能不存在我们可以信任的任何单个权威。或者我们可能不希望这种中心信任源的存在。一个例子是类似比特币的数字货币方案，[25]其主要目的是模拟现金的自由流动以及交易的相对匿名性。这些需要与银行缺乏必要性的联系。但数字货币也可以由一个银行实施，前提是所有人信任该银行。[26]比特币就是一个替换方案，它模拟银行的角色但是实际上没有银行。

银行到底在做什么？在货币管理方面，银行最重要的角色是充当你账户交易进出的可信见证。在这样做时，银行充当你账户余额完整性和正确性的真实来源。银行成为信任源并不容易，它不得不努力地建立必要的权威以将这样的信任放入其中。为了实现这个目的，银行必须参与多个相关活动，包括管理银行品牌、遵守金融规则、接受金融审计、管理自身人员，以及使用众多物理和网络安全机制（银行是密码学的忠实用户）。[27]所有这些努力最终可保护银行监视的金融信息。你可以认为这些信息由集中账本存储，该集中账本包含银行负责的所有客户的财务数据。

如果没有银行来为我们见证交易，那么谁可以见证交易？答案是“每个人”。分布式账本的思想是消除对所有金融交易的官方集中处理（实际上所有事情都是这样，但是目前我们先谈银行），并且用完全开放的账本来替代，每个人都保存其副本。换句话说，你不需要银行，因为你和其他每个存钱的人都是银行。

首先，这似乎是相当明智的想法。每个比特币用户维护自己的交易账本，表示比特币财务的真实状态。虽然分布式账本看上去简单，但是实际的挑战是很明显的，它仅在每个人都认同账本内容时才是有效的。

显然，不可能每个比特币用户每晚都坐在那整理当天的比特币收据（旁边有一大杯酒）并检查每次交易的有效性以便确定哪些比特币去了哪里。幸运的是，计算机在这种类型的任务上更有效。然而，开发和管理比特币账本仍然是一个艰巨的挑战。比特币部署的解决方案是巧妙的，并且几乎完全是基于密码学构建的。

比特币区块链

比特币通过区块链来实践分布式账本。需要强调的是，尽管分布式账本和区块链通常被视为同义，但分布式账本是比区块链更为高深的表述，分布式账本不一定必须基于区块链构建。

比特币用户形成比特币网络。比特币用户根据需要管理着比特币“账户”。每个账户由比特币地址标识，比特币地址是可用于验证数字签名的公钥。重要的是，虽然比特币地址对于其所有者是唯一的，但是它没有明确地标识所有者，这也保证了比特币的匿名性。比特币交易由数字签名声明（用付款人的私钥加密签名）组成，即一定量的比特币应当从付款人的比特币地址传送到收款人的比特币地址。

每当进行比特币交易时，交易详情对比特币网络上的每个人都可见。因此，你可以将比特币看作一整串的单独交易报表，它们都在比特币网络上发生。由于新的交易以每几秒一次的速度连续进行，因此如何组织管理这些信息就是一个挑战，即如何使每个用户就已经发生的事情达成共识。

区块是比特币交易的集合（大约相当于十分钟内的比特币交易），每当形成并批准新的区块时，就将其“黏”到先前的区块上，从而形成增长的区块链。这种不断增长的彼此相连的区块集合形成了所有人必须同意的比特币账本。由于每个区块都由数据组成，所以需要数字来联结这些区块，你可以把它想象成数字胶水。如果你还记得的话，将数据联结在一起是哈希函数的重要用途之一，哈希函数即密码学的瑞士军刀。

如果比特币网络中的每个用户都产生了新的区块并试图将它们同时联结到区块链上，这将是无序的。如何使区块链获得所有比特币用户的认可？解决这个问题的方法是使新的区块形成变得相当困难，但又不是完全不可能形成。新区块创建的速度要降下来，大约每10分钟产生一个区块。[28]这个速度已经足够快了，可以确保交易在进行后能够很快找到进入比特币账本的路径。同时，它也足够慢，可以确保新的区块有时间传播到整个区块链网络，并在下一个区块被创建之前被大多数比特币用户接受。

创建新区块的过程被称为“挖矿”，处于比特币网络的核心位置。该术语反映了形成新的区块需要付出相当大的努力。挖矿是收集不在当前区块链区块中的比特币交易，验证它们是否为正确格式，然后使用密码将它们联结在一起。作为该过程的一部分，矿机必须将一些被称为“报头”的数据附加到新区块的开始。报头指示矿机哪个区块是当前区块链的末端（该新区块应当被附加到哪个区块），以及新区块中所有交易的哈希值。报头还必须包括一些使得新区块难以被挖到的其他内容。

之前提到，哈希函数是密码“榨汁机”，将输入数据压缩为较少的数据（哈希值）。如果你得到某些数据的哈希值，然后对这些数据进行很小的篡改再生成哈希值，那么篡改后的哈希值与原始数据的哈希值没有明显的关系。换句话说，一些数据的哈希值看起来是随机产生的。因此，如果你希望找到具有特定哈希值的一些数据，你可以做的唯一事情就是不断尝试用不同的数据来生成哈希值，直到你幸运的碰到它们。

这正是给比特币矿机的挑战。矿机必须包含在区块头中随机生成的数字，这个数字是这个区块头特有的哈希值。一旦矿机收集了足够数量的交易以形成区块，它就必须尝试不同的随机数，以期它们中的一个能生成具有正确哈希值的新区块的报头。这是一个需要快速完成的过程，因为比特币网络周围所有竞争的矿工也在试图创建新的区块。第一个完成的将“获胜”，有什么奖励吗？

没有人仅仅是为了娱乐而花费那么多资源来挖掘新的区块。挖掘不仅仅涉及一两个随机数，而是涉及数百万的随机数。[29]因此，成功创建新区块的矿机是会获得报酬的，这当然是比特币。

一旦形成新的区块，比特币网络的用户都会被通知，并且每个用户都将新区块添加到他们认为是正确的版本中。每个都能够检查新区块的有效性，并且能够合理地确保他们的区块链版本与其他每个人的相同。但是，他们只是大致确定，因为两个不同的区块可能由不同用户在近似的时间点找到。在这种情况下，将形成两个不同形式的区块链，每个将通过不同的区块链延伸。[30]这个问题虽然不可避免，但可以解决。一旦找到下一块，则这两个版本的区块链之一将进一步扩展。每当比特币用户遇到区块链存在两个可能的不同版本，并且一个比另一个长，则用户拒绝较短的一个。实际上，每个比特币用户几乎可以在半小时内进行确认，大多数交易都在普遍接受的版本中进行（仅区块链的最末端可能变化，并且任何差异将很快被挑出）。

区块链的优缺点

比特币是极好的密码学实践。账户与密钥关联，交易是经数字签名的，新区块的形成需要解决密码学难题，并且比特币区块链通过哈希函数联结在一起。这就是为什么比特币经常与目前流通的数百种其他类似的数字货币一起被称为加密货币。[31]然而，请想想为什么我们在此处讨论比特币，因为比特币区块链首先是用于保证数据完整性的安全机制，在特定情况下，它保证了比特币事务的完整性。

比特币区块链不是没有缺陷。形成新的比特币区块所需的计算时间和能量消耗已经引起了严重问题，比特币是不是保障环境可持续发展的货币？挖掘比特币区块的成本有时超过所生成新的货币本身的价值。如前所述，比特币使用区块链的方式不是实现分布式账本的唯一方式。

分布式账本具有比数字货币更为广泛的潜在应用。至少从理论上说，它可以用于保护无须保密但需要保证绝对完整性的任何数据。除了比特币交易，分布式账本可以保护任何形式的正式记录的数据，诸如法律合同、供应链详情或政府登记。

如我们所看到的，分布式账本具有保证数据完整性而不需要中心信任源的独特优势。然而，我们应该谨慎地将所有数据置于区块链中，或分布式账本的任何替代形式中。区块链和分布式账本的体系结构与传统体系结构非常不同。在传统体系结构中，受保护的、集中的数据库能够保证数据的完整性，而分布式账本在很大程度上改变了目前大多数数据受保护的方式。尽管分布式账本是迷人的想法，但它们是否可以作为保护数据完整性的有效机制（除了比特币）仍然有待观察。

完整性综述

完整性在我们日常生活中的重要性很容易被忽视。在物理世界中，完整性通常隐藏于事件之中。然而，在网络空间中，数据相对易于被操纵，保证数据完整性极其重要。

完整性机制无法阻止数据被篡改，但是它可以警告我们数据何时发生了这样的篡改。你选择哪种数据完整性机制取决于你预想到的错误。对于友好的环境，例如公共图书馆的图书编码，仅需要轻量级的数据完整性机制。对于不太友好的环境（如互联网），需要诸如消息验证码和数字签名等强大的数据完整性机制。如果你没有建立保证数据完整性所必需的单个信任源，那么你可以考虑部署分布式账本。

完整性机制确实起到了保障作用。只要使用适当的完整性机制，攻击者就不会在你转账时操纵转账的数额，或者在你下载电子邮件时改变电子邮件的内容，或者从比特币区块链中移除先前的交易。他们不这样做，是因为他们不能这么做，至少他们不想被逮住。

然而，数据完整性机制仅可以告诉你数据从消息验证码密钥持有者、数字签名所有者、比特币地址私钥所有者等人创建以来没有被篡改。

老道的网络攻击者不会浪费时间试图去操纵有完整性保护的数据，更好的策略似乎是伪装一个身份。在网络空间中，如果正在与你交流的某个人伪装身份试图欺骗你时，那么他随后发送的任何数据都不值得相信。当你只知道比特币的区块头或区块尾时，比特币一样没有价值。

第六章

身份验证戳穿数字伪装

能够提供保密性并能够记录数据更改是很重要的。然而，这两种能力都不能解决网络空间中最大的危险。在网络空间中伪装身份十分容易，因此每天都有成千上万的人被愚弄。仅仅使用加密技术是不可能解决这个问题的，但可以提供一些帮助。

小狗也上网

人们经常引用《纽约客》（*New Yorker*）1993 年的一幅著名漫画来说明互联网上的匿名问题。[1]这幅漫画上画了两只狗，其中一只狗坐在电脑前，爪子放在键盘上，低头看着他的同伴，汪汪叫道："在互联网上，没有人知道你是狗。"这是一幅很棒的漫画，狗可以在我们不知情的情况下使用互联网，这不是很有趣吗！然而，这幅漫画出人意料的成功之处在于，它以一种看似无害的方式捕捉了一个罪恶的真相。

狗虽然聪明，它们能从沙发下找出香肠，但缺乏使用键盘的能力。虽然我们很希望狗也可以上网，但是它们不在网上。那么，谁在？

想想这个故事：克洛伊今年 12 岁，是一个社交媒体平台的超级粉丝，这个平台允许用户在手机上轻松地录制和分享他们自己的短视频，随着他们最喜爱的艺术家舞蹈片段而起舞。她所有的朋友都有账户，他们几乎每天都发帖子。幸运的是，克洛伊是一个聪明的女孩，她的父母都意识到社交媒体和互联网存在一些潜在危险。他们建议她只与她现实世界中的朋友分享视频。克洛伊不允许“朋友的朋友”看到她的作品，因为父母跟她说，她的朋友可能不会像她那样小心地选择谁可以看到他们的视频。一切似乎都很好，直到一天晚上克洛伊的父母审核她的社交账户。

“你只是在和你的朋友分享视频吗？”他们问。

“是的。”克洛伊回答。

“这些都是你在现实生活中认识的朋友吗？”

“是的，差不多都是，”克洛伊回答。“有一只狗，它真的很有趣，它有自己的账户，所以我在关注它。它的视频很棒，你想看看吗？”

“或许过一会儿会看，”她父母说。“但你和这只狗是朋友吗？”

“嗯，”克洛伊承认。“我在关注这只狗，这只狗问它能不能加我为好友，所以我答应了。我的意思是，它是一只狗，它的视频非常非常有趣，这是我最喜欢的一个视频……”

这是《纽约客》那幅漫画背后的真实情况，在互联网上，并不是每个人都会足够认真地去考虑“你不是狗”这一事实意味着什么。

谁在那里

想想你每天在网络空间做的事情。在你做之前，无论是明确回答还是只是想想，你必须回答诸如以下问题：你现在是否有账户？你已经注册账户了吗？事实上，即使是首次访问网络空间，通常也需要回答这样的问题。你有没有想过为什么？

需要身份验证的一个原因是，我们在网络空间所做的大部分事情都或多或少与商业服务有关。网络空间可能是一个无形、抽象的概念，但它是由人们运营的设备、网络和服务所组成的，所有这些要素都需要耗费成本。这些要素的商业供应商通常需要确定哪些人在网络空间，这样至少他们知道将账单寄往何处。

即使是看似免费的网络服务也是需要付费的。我们几乎总是要注册免费服务，我们获得“免费活动”的途径是提交个人信息并让自身暴露在商业广告中。这些服务供应商需要知道谁在网络空间，收集用户信息以便记录用户特征，然后投放广告。[2]

需要身份验证的另一个原因是，网络空间的大部分信息都是为特定受众准备的。如果每个人都知道一切，那么很少有工作场所能顺利运转。在政府和军队的敏感部门，严格控制信息访问尤其重要。希望你已经配置了社交媒体账户的隐私设置，来控制谁看到了什么。在网络空间，明智的数据拥有者需要先知道谁在网络空间，再决定是否向他们发布数据。

所以，如果腊肠狗不在网络空间，那么谁在那里？网络空间许多活动的安全性取决于我们回答上述问题的精确性。问题在于，在网络空间获得准确答案非常困难。如果我们能够有十足把握去回答这个令人烦恼的问题，那么聊天室、社交媒体网络、在线约会服务将会有更加安全的环境。

人与机器的区分

身份验证过程试图确定谁在网络空间。身份这个词是有意抽象化的概念。身份验证的方式，至少在一部分上，取决于该身份是由心脏的跳动控制还是由微芯片的时钟驱动。

让我们考虑一种物理世界的身份验证方式。一名旅客到达边境控制点。边境官员必须决定是否允许旅客入境，旅客被要求出示护照。

护照是包含一系列物理安全机制的文件。现代护照以全息图、特殊墨水和计算机芯片为特征，并包含被签发人相关的生物特征信息。[3]这些机制旨在使护照难以伪造，并将护照与指定的持有人绑定。护照是一种象征，这是一个相当费力烦琐的行政程序所得出的结果，旨在使护照难以被误发给错误的人。如果护照看起来是有效的，而且旅客看起来就是护照的指定对象，那么边境官员可能会让旅客入境。重要的是，边境官员考虑的是人与护照两者的结合。边境官员不太可能接纳一个兴高采烈地宣布姓名但没有护照的旅行者，就像他们不太可能批准一个虽然提交有效护照但头上戴着纸袋的人一样。

在网络空间中，很容易创建类似于承担护照功能的身份象征（令牌），你对于使用密码、银行卡号或其他安全令牌来访问网络空间的服务已经十分熟悉了。在经过一些管理流程后，有时只需提供一个电子邮件地址，就可以将你链接到特定的服务。在网络空间中，出示令牌相对容易，但要证明令牌持有人的身份要困难得多。唉，在网络空间里，我们的头上都有纸袋。

当然，身份验证并不总是那么重要。边境控制涉及允许真实的具有血肉之躯的人入境，他们是谁就很重要。对于我们在网络空间所做的大部分事情来说，这相对不那么重要。网络零售商可能很想知道是谁在使用网站，以便能够给用户的行为画像，它可以从访问者数据中获得价值，而无须准确识别每个浏览其网页的人是谁。

所以，在网络空间中身份的重要性并不总是显而易见的。如果一家移动运营商想知道把账单寄到哪里，移动运营商想要认证的身份是账户持有人，而不一定是使用电话的人，当父母为孩子购买手机时就是如此。与之相反，手机拥有者不希望在火车座位上捡到丢失手机的陌生人能够使用该手机，他们更关注的是谁可以使用手机。[4]

更令人困惑的是我们自己对谁在网络空间的看法。我们经常有这样的印象，即人类在网络空间中直接交流，计算机只是极为普通的交流工具，然而，这在很大程度上是一种错觉。

网络空间发生的一切实际上都是计算机之间的交互，在大多数情况下，一台计算机与另一台计算机进行通信。认为人类处于网络空间互动的终端的看法有点危险，因为人类通常不是这样。即使你的手机在你手中，它也能做各种不寻常的事情，而不需要询问你的意见。这些事情在大多数情况下都是可接受的，也是我们需要的，比如检查更新或检索服务器的信息。然而，如果你不小心的话，你的手机肯定也有能力清理你的银行账户，并将余额汇给陌生人。[5]

即使人类明显参与数字通信，问题也来自这样一个事实，即（至少现在）人类不是计算机，计算机也不是人类。[6] 每次你与网络空间互动时，严格地说处于通信线路末端的并不是你，而是你的计算机。

想看明白这一点，考虑一下与网络空间最简单的互动。你正坐在计算机前输入电子邮件。你将你的思想形成文字，然后通过键盘上的按键将这些文字传送到你的计算机。在这一互动过程中，你肯定在场，毫无疑问，你正在与自己的计算机直接交流。这里可能会出什么问题呢？

在大多数情况下，一切都会顺利，但也可能会有很多问题。当你按下键盘上的符号之后，计算机将接管整个过程。人类将不再是这个过程的一部分。一系列不可见的操作将会发生，在将数据提交到计算机上运行的应用程序之前，计算机首先需要将键盘所输入的字符与数字代码进行匹配。如果你的计算机工作正常，那么一切都是美好的。但是如果你的计算机被恶意软件（一种不受欢迎的程序，如计算机病毒）入侵，那么你的计算机可能会做一些你不想做的事情。例如，你的计算机可以存储你键入的内容，并将此信息发送给监视你活动的人。[7]它还可以抑制或更改你键入的信息，从而发送不同的电子邮件。你可能就在旁边，但真正重要的是你的计算机做了什么。

计算机的行为可能与人类期望的不同，或执行了人类用户所不知道的任务，这些是攻击者经常利用的方式。我们无法修补人与设备之间的这种间隙，只能以某种方式加强管理。你无疑会遇到一种叫作captcha（这个术语源自短语“全自动区分计算机和人类的图灵测试”）的方法，这种方法通过设置目前机器执行效率较低的任务来测试人类的存在，例如判断哪些字母是由几乎难以辨认的曲线表示的，或者一系列照片中哪张可能是商店建筑物。[8]

无论你喜不喜欢这个测试，人类和机器之间的差距需要captcha来判断。至少，当我们想知道谁在网络空间的时候，我们需要谨记两者的差别。

来自另一头的问候

试着对着网络空间呼喊一声：“喂，谁在那里?”即使你听到一句微弱的回答“是我”，你能给这虚无的回答赋予什么价值呢?

任何全面的答案都有两个重要组成要素：第一个与身份有关，第二个与时间有关。

回答我们在网络空间呼喊的第一个要素与身份有关。正如所讨论的物理安全机制那样，在网络空间中区分一个身份和另一个身份的唯一方法是为该身份配备一种特殊的能力，将其与其他群体区分开。有许多不同的方法可以做到这一点，这些方法也各不相同，这取决于你心目中的身份是人还是计算机。

人类可以拥有一个有形物体，为了测试该物体是否存在，可以要求人类证明其是否拥有这个物体。在网络空间中，物体可以是智能卡、令牌，甚至是手机，拥有这些东西是人类存在的证据。当然，仅通过拥有某种物体来进行身份验证的最大问题是这些物体可能丢失或被盗。

人类本身就是物体，可以提取生物特征[9]，再通过识别以进行身份验证。生物识别技术的有效性各不相同，但有些已经很成熟了。对航空旅客或罪犯的指纹识别和自动人脸识别技术都已经非常成熟，这两种技术也可以被部署在网络空间。生物特征不太容易丢失或被盗，至少直接来自它们所代表的人类。[10]然而，生物特征只是将物理测量值转换成数据。如果数据以某种方式被损坏，例如，存储数据的数据库被盗，则会出现严重的问题。你已经多次被要求更改密码，但是如果有人要求你更改指纹，你会怎么做？

到目前为止，网络空间中最常见的身份验证方法建立在你了解某种信息而别人不知道该信息的特殊能力之上。此技术可被用于验证人或计算机。与前者相比，后者的一个显著优点是，计算机在记忆复杂事物（如强密码或加密密钥）时不会出现问题。密码学用于身份验证的大多数方法都与判断是否拥有某种秘密知识有关。

由于不同的身份验证方法都有各自的优点和缺点，因此在网络空间中经常要求将多种技术结合使用。双因素身份验证是一个经典示例，向商店的销售终端提供银行卡（有形对象）和 PIN 码（秘密知识）。在这种情况下，真正需要测试的是银行卡的存在，因为银行卡里包含加密密钥的芯片，该加密密钥可用于保护交易安全。然而，对 PIN 码的了解提供了一层额外的身份验证，表明知道 PIN 码的人也在场。因此，双因素身份验证尝试同时验证两个不同的身份：银行卡和卡的拥有者。不幸的是，当我们不在销售网点终端购物，而在网上购物时，银行的认证将不会那么彻底。[11]因此，大多数欺诈的发生与无卡交易相关。[12]

请注意，身份验证并不总是明确验证谁在网络空间。对于某些应用程序，只要确定在网络空间的人被授权做某些事情就足够了。[13]例如，许多城市现在支持使用预付费的智能卡来支付公共交通费用。火车检票员只需确定卡上的信用额度就能决定是否允许旅客通行。虽然严格来说没有必要识别出具体的旅行者，但某些系统可能出于其他原因（如行程分析）而这样做。

回答我们在网络空间呼喊的第二个要素与时间有关。如果你在一个深邃、黑暗的深渊里喊："你好，谁在那里？"然后听到"是我"的回答，这个"我"是一个活着的、呼吸着的人吗？或者可能是录音？绑架案调查人员面临的挑战之一是，在得到人质视频时，需要确认人质是否还活着。由于这一问题对绑架者来说同样重要，因此过去通常的做法是，让视频中的人质手持报纸，以证明视频是在报纸所显示的日期之后录制的。[14]

在网络空间中，包含有生命的证据可能同样重要。在这方面，生物识别技术与密码相比具有内生优势。虽然受害者可能被迫透露密码，然后被扔进井里，但良好的生物识别技术需要生命体对"谁在那里？"做出回应。

然而，如前所述，设备比人更常被要求做身份验证。由于过去的信息可以很容易地被记录下来，然后在网络空间中重播，所以对"谁在那里？"这个问题的回答，应该包含这个回答是真的和新的的证据。这通常被称为新鲜的证据，而不是有生命的证据。有趣的是，正如之后将要讨论的，加密技术可以用来提供新鲜的证据，而不需要明确地包含基于时钟的时间。

因此，强大的身份验证机制应该显示新鲜度，并建立身份或授权（或两者兼而有之）。但是，你每天在网络空间中使用的最常见的身份验证机制（提供密码）并不能做到这一点。作为一种确定谁在网络空间的手段，这只是它存在的众多缺陷之一。

密码的痛苦

在网络空间中，似乎不提供密码就不能做任何事情。密码已经成为默认的手段，可以提供一些证据证明谁可能在网络空间。当你登录一个网站（实际上是一台计算机或一个应用程序）时，你通常需要提供用户名和密码。密码很受欢迎，因为它们似乎是提供身份验证的一种简单方法。但人们也讨厌密码，因为在很多方面，它们不能提供身份验证。伊丽莎白·斯托伯特（Elizabeth Stobert）写了《密码的痛苦》（*The Agony of Passwords*）一文，我们都明白她的意思。[15]

你应该警惕密码的真正原因是它们是非常弱的身份验证机制。你可能听过一些对密码的批评，但有必要知道它的两个最关键的缺陷。

第一，其他人相对容易获得密码。攻击者可以通过多种不同的方式获取你的密码。碰巧攻击者在附近看着你在计算机里输入密码，这一过程有时被称为“肩上冲浪”，或者从你办公室墙上的便条中获得密码。即使攻击者不在你身边，也仍然有很多方法来获取你的密码。有时，密码通过网络（如互联网）以明文形式传递（也就是未加密）。因此，聪明的攻击者只需监视你的通信即可获得你的密码。

攻击者还可以尝试猜测你的密码，因为密码很少被正确设置。绝大多数密码要么是容易获取的个人信息，要么是对字典中单词的简单修改。更糟糕的是，许多程序都附带了众所周知的默认密码，用户应该尽早更改这些密码，但在实践中，他们通常不知道如何更改密码，或者他们不在乎或懒得更改密码。

第二，密码不经常更换。因为设置密码有点麻烦，所以你倾向于在较长时间内使用一个密码。事实上，对于许多应用程序，你可能从未更改过密码。由于密码不包含任何新鲜度，如果其他人获得了你的密码，你就有可能陷入一大堆网络麻烦中。[16]

单个密码可能对攻击者有些用处，但众多密码一起则是一个宝箱。一个可能有大量密码的地方正是不断向你索要密码的计算机。例如，在线零售商可能会要求你在完成购买前提供密码。这种安排对他们来说很方便，因为他们可以存储你的个人数据（可能包括与支付相关的数据）并链接你的访问。这意味着零售商的计算机系统里有一大堆密码，包含这些密码的数据库是攻击者寻找的有利可图的目标，并且，有时候攻击者居然成功了。[17]

幸运的是，多亏了加密技术，任何使用密码对其客户进行身份验证的公司都不需要去维护客户密码的数据库。[18]公司真正需要的是确定登录的人都知道密码。密码学使公司能够验证密码，而无须知道密码本身。为做到这一点，只需要检查密码完整性的数据库，来验证客户所提供的密码是不是正确的方法，哈希函数是用于此目的的候选函数。具体来说，当你第一次创建账户时，你向公司提供用户名和密码。公司对该密码计算哈希函数，并将哈希值存储在数据库中你的用户名旁边。下次登录时，你将重新提供用户名和密码，公司对提供的密码计算哈希函数，然后检查其数据库，查看该哈希值是否与用户名旁边的哈希值匹配，如果是，那就是你。

为此，密码的哈希值与密码的效果一样好。如果提供的密码不正确，则其哈希值将与数据库中的哈希值不匹配。然而，重要的是，任何试图访问数据库的人都不会从存储在那里的哈希值中了解密码。当以这种方式管理密码时，没有人知道你的密码，即使是密码系统的管理员也不知道。请注意，如果你忘记了密码，没有人能够为你找到密码，你将被迫重置密码。哈希值保护密码就像过日子，你总是可以开始新的一天，但你永远回不到失去的昨天。

字典攻击

用户名——“简单”，密码——“呃……”。虽然这可能是你试图登录网络账户时遇到的状况，但这也是攻击者面临的难题。在没有更好的办法的情况下，攻击者只能猜测。

不论华丽与否，密码都令人难忘。你的大脑需要随时调用密码，这往往会限制密码的复杂程度。如前所述，《牛津英语词典》包含的单词不到300 000个。即使允许使用键盘的其他字符来替换字母单词进行巧妙变形，在密码的规模方面，攻击者只需要猜测这么多可能的密码。

以下是一个攻击密码的例子。攻击者建立候选密码列表，先测试显而易见的密码，如“password”“test”“abc123”“justinbieber”，然后是字典中300 000个单词，再然后是它们的所有近亲，如“ju5t1n81e8er”。一个除了猜测之外什么都不会的攻击者开始漫无目的地进行开火攻击。但是，如果攻击者能够访问包含密码哈希值的数据库，则会开始计算哈希函数。与前一种方法相比，后一种攻击方法处于优势地位。攻击者只需将列表中的候选密码进行哈希函数的运算，将哈希值与数据库中的哈希值比较，找到数据库中相同的哈希值即可。一旦发生这种情况，攻击者就会知道登录系统的用户名和密码。这被称为“字典攻击”，因为使用的列表在本质上是密码字典。

字典攻击无法被阻止。使用口令密码会使字典攻击难度更大，但你会这么做吗？如果你回答“是”，那就太好了。口令密码更难记，输入口令密码也需要耗费更长时间，而且输入口令密码时，出错的概率要比输入密码大得多。人们已经提出了许多巧妙的方法来选择更复杂的密码，虽然可以提高密码的安全性,[19]但大多数用户根本不会听从这些让生活变得更加艰难的建议。如果你不能阻止某件事发生，那么退而求其次的办法就是不鼓励它，这便要说到一项每天都在使用的令人惊喜的密码学应用。

任何计算机系统工程师都会告诉你，密码学是一个令人讨厌的东西（尽管“讨厌”可能不是他们的确切意思）。[20]进行密码学操作需要耗费时间和精力。如果一个系统工程师可以避免在系统中使用密码，那么他们一定会这么做。他们会告诉你，安全性是系统性能的敌人，因为密码学会减慢系统的速度。现在有个主意！

大多数加密算法都以最快运算速度为目的。然而，为了防止字典攻击，使用“加密拖拉机”比使用“密码法拉利”有一个明显的优势。不使用普通的哈希函数来存储密码的哈希值，而故意设计一个“慢”的哈希函数来存储密码的哈希值，其计算时间比普通的密码哈希函数要长一秒钟（通常这种运算是微秒级的）。系统用户几乎感觉不到登录系统用时长了一秒钟。但如果攻击者拥有6 400万个密码的密码字典（这种级别的字典可在互联网上购买），故意将每个计算延迟一秒钟则会使执行整个搜索所需的时间延迟6 400万秒，即大约2年时间。如果要继续攻击，攻击者需要非常耐心或异常坚定。

为降低哈希函数计算速度的算法被称为“密钥延伸算法”。[21]公司通常部署多层不同的密钥延伸算法来保护密码，这使得密码字典攻击者不容易攻击。使用这些算法不会增强密码的身份验证功能，但有助于阻止对密码的攻击。

如何记住密码

这个需要密码，那个也需要密码。设置这个密码至少需要8个字符，设置另一个密码需要包括大小写字母、数字或其他符号。这令人很不开心，不是吗？更糟糕的是，一个典型的十大互联网安全提示是，你应该确保你所有的密码都是完全不同的。

对于你登录的每个网站和应用程序，确实应该使用不同的密码。假设你对所有网站和应用程序都使用一个密码，不管这个密码有多奇特，你唯一的密码安全性取决于安全性最差的系统对它的管理。你的银行可能在密码管理方面做得很好，但你去年在网上预订的小型露营地网站是否会那么在乎安全问题呢？

你的密码都是经过精心挑选并且是奇特的吗？真的吗？如果你声称是此类密码达人，要么你在欺骗自己，要么密码学帮助了你。

对于那些在密码泛滥中挣扎的人来说，最好的选择是部署一个密码管理器。它们有很多种风格，包括硬件和软件版本，但基本概念是相同的。密码管理器解决了 3 个关于密码的核心难题，即将代表你为每个程序生成不同的强密码，安全地存储它们，然后在你需要时自动调用它们。

相比人类而言，生成和调用强密码对计算机来说要简单得多，因为计算机不受认知偏见的影响，并且几乎拥有完美的记忆。密码管理器将所有这些强密码安全地存储在本地数据库中，然后使用密钥对数据库进行加密。到目前为止，一切顺利。

现在有两个问题需要解决。第一，不论何时你需要其中一个密码，都需要密钥来解密数据库，这把钥匙在哪里？第二，所有这些密码的目的都是作为你（人类用户）的身份验证，而密码管理器由计算机上运行的软件组成（也可能包括硬件），这些存储的密码如何与你联结？

不同的密码管理器以不同的方式处理这两个问题，但对于这两个问题，最常见的答案还是使用密码。你可以通过输入密码来激活密码管理器，并根据该密码计算数据库的密钥。保护密码的密码，我们从中获得了什么呢？

从某种程度上说，它已经做到了。管理多个密码的挑战已减少到管理一个密码的难度。这是一个更容易处理的问题。是的，密码管理器的密码应设置为强密码。是的，你需要能够记住它。是的，你必须确保此密码的安全。这是仅有的一个密码。

当然，这也是唯一的败笔。如果密码管理器的密码被泄露，那么一切都将丢失。因此，一些密码管理器部署了更强大的身份验证技术来连接你与你的密码，包括生物识别技术或双因素身份验证。不管它们如何工作，底线是密码管理器使用加密技术使密码更易于管理，但它们并不能真正消除密码的根本问题，即密码管理器治标不治本。[22]

保管好密码，警惕欺诈

不管你喜欢与否，作为提供身份验证的一种手段，密码不会很快消失。密码作为一种安全机制，虽然根深蒂固，但又很脆弱，它的弱点往往被网络空间中的许多欺诈行为所利用。[23]

回想一下，我之前提到了攻击者获取密码的几种不同方式，假设你没有使用最先进的密码管理器，可能还有一种更为直接的方式：攻击者向你索要密码。

这种策略似乎不太可能成功，但网络钓鱼攻击正是以这种方式工作的。网络钓鱼攻击通常是在看起来像银行或系统管理员发出的官方电子邮件的掩护下发起的，出于安全原因要求你执行某些操作，例如重置密码。如果你继续，那么在大多数情况下，你会通过一个网页链接到欺诈者运行的欺诈网站，该网站会首先询问你当前的密码（这是启用密码重置的常见要求）。你键入密码，然后是信用卡号码或者欺诈者正在寻找的其他重要的安全信息。[24]

掌握你的密码可能是网络空间无休止的恶作剧的开始，因为从任何依赖你的密码进行身份验证的网站或应用程序的角度来看，你就是你的密码，欺诈者现在可以利用你的密码让你做任何事情。

如果密码管理器的密码受到网络钓鱼攻击，情况会变得更糟。我们可以想象，部署密码管理器的精明人士应该不会上当受骗。但是，如果你收到一封来自密码管理器程序开发公司的电子邮件，请你输入密码，来激活密码管理器的软件升级（信誉良好的公司不会向你发送此请求），你不会打开这样的邮件吧，你会吗？这样的灾难一旦开始，网络钓鱼攻击的幕后策划者，现在就能在网络空间做你能做的一切。

此类欺诈值得深度剖析。攻击者进行伪装（比如说，伪装成你的银行），以便实施另一个伪装（伪装成你）。核心问题是你未能验证原始网络钓鱼电子邮件的来源和/或随后指向的网站。你可能被看起来真实却很脆弱的数据完整性机制（徽标、适当语言的使用、请求的合理性等）所愚弄。用我们的密码学术语来讲，数据完整性的外表不足以提供强有力的身份验证。由于你在网络钓鱼攻击的过程中没有问“谁在那里？”这个问题，当你下次访问的某个网站问“谁在那里？”时，答案可能是你，即使实际上并不是你。

我的一个朋友在20世纪90年代于美国开了一个银行账户，有人问他想要什么密码。令我朋友大吃一惊的是，柜员把他的回答写在了记事本上。坦率地说，再也没有人像这样管理密码了。至少，柜员不再这样了！多亏了加密学，除了你，没有人知道你的密码。只有当你绝对确定你正在与合法的网络服务对话时，才应输入密码。

完美的密码

确实，我一直在给密码出难题。但是现在让我们采取一种完全不同的方法，如果我们能重新创造这个世界，一个完美的密码会是什么样子的？

一个完美的密码应该是不可预测的，以尽可能地防止猜测和字典攻击。换句话说，它应该是随机生成的。一个完美的密码应该只用于登录某一个系统，而不是在多个应用程序间共享。一个好的密码管理器可以满足这两个要求。一个完美的密码应该对攻击者毫无用处，而不论攻击者通过何种方式获得该密码（如肩上冲浪、使用键盘记录器、观察发送密码的网络等）。那么，到底该如何设计一个完美的密码呢？

当然朝着这个方向迈进是可能的。毫无疑问，你偶尔，也可能比较频繁，会被要求更改你的密码。这是密码管理另一个令人不开心的方面。你刚刚成功记住了一个带有有趣字符的复杂密码，然后一些善意的安全专家建议你改变它。虽然有些烦人，但定期更改密码可以降低某些威胁密码安全的风险，比如字典攻击，还可以限制已被泄露的密码的影响（你甚至可能不知道它已经被泄露了）。[25]使用密码管理器可以减少定期更改密码的痛苦，但这并不能使整个过程完全无痛。它也不能创建完美的密码，因为被盗的密码在更改之前对攻击者仍然有用。

假设攻击者观察到密码，令此密码对攻击者完全无用的唯一方法是确保此密码不再被使用。因此，一个完美的密码不仅限于某一系统的身份验证，而且只能使用一次。每次使用完密码，密码便随之被更改。

幸运的是，密码学可以用来实现完美的密码。事实上，你很有可能在每次进行网上银行认证时都使用一个完美的密码。我们有必要了解这个想法在实践中是如何运作的。

完美密码的第一个重要特性是它应该随机生成。真正的随机性很难实现，因为它通常需要一个物理过程，比如扔硬币或掷骰子。实际上，计算机从类似晶体管振荡产生的白噪声中才能提取真正的随机性。然而，正如前面所观察到的，任何好的加密算法的基本特性之一是其输出看起来似乎是随机生成的。加密算法永远不会生成真正的随机性，因为加密算法的输出在某种意义上是可预测的。如果使用相同的密钥和相同的加密算法对相同的明文进行加密，则始终会得到相同的密文。类似地，如果使用相同的哈希函数对相同的数据进行计算，则始终会获得相同的哈希值。相反，当你掷硬币时，结果永远无法预测。

然而，如果我们确保每次输入加密算法中的数据都不同，那么加密算法的这种可预测性并不重要。对加密算法的不同输入将会产生不同的输出。因此，每次在计算时，确保不同的输入意味着加密算法的输出可以作为完美的密码。

以下是使用完美密码认证网上银行背后的想法：虽然银行使用的技术各不相同，但有一种常见的方法是向客户发放一种被称为“密码器”的小型设备。[26]有些密码器只有一个显示屏，而其他密码器看起来更像袖珍计算器。无论使用何种形式的设备，银行都为你提供加密算法和密钥。该算法对银行的所有客户都是通用的，但密钥对你来说是唯一的。银行维护着一个数据库，其中包含发放给客户的所有密钥。

当你向银行进行身份验证时，密码器使用算法和密钥计算完美的密码。密码显示在密码器的屏幕上。你将此密码发送给银行，然后银行使用自己的密钥副本重复计算。如果两个输出匹配，银行则确信线上的一端是你。更准确地说，银行确信无论是谁，都一定拥有密码器和密钥。如果其他人偷了你的密码器，那么可能会出现问题，因此许多银行也会采用多层身份验证（如密码器本身会要求你首先输入个人识别码，以便确认你的身份）。

密码器生成的密码是用加密算法生成的，因此足够随机。该算法通常是专门为生成随机密码而设计的，但至少在理论上，它没有理由不是加密或 MAC 算法。最重要的是，输入算法以产生密码的内容是一次性的。下次银行对你进行身份验证时，要求输入算法的内容会不同。这样，每次登录银行时，密码都会不同。

请注意，密码器上加密算法的输入内容不要求一定是机密。这个系统中唯一的机密是你与银行共享的密钥。你和你的银行都知道输入内容是什么，并且每次银行应答客户的在线服务需求时，输入都会发生变化。每当你进行身份验证时，你和你的银行都知道这种变化。

许多密码器都包含一个时钟，并使用当前时间作为加密算法的输入内容。没有键盘的密码器在使用这种方法时，通常每 30 秒左右计算一个完美的密码，然后将其显示在屏幕上。银行客户向银行发送当前显示的密码，作为其当前拥有密钥（密码器）的证据。当然，时钟会随时间流逝而产生偏差，但单个密码器上的时间偏差可以被银行监控并弥补。[27]

时间只是非机密数据的一个例子，位于网络空间不同角落的两个身份可以同时知道时间。如果不能使用时钟，另一种选择是使用计数器来维持时间的概念。在这种情况下，银行和密码器都使用计数器来记录使用密码器进行身份验证的次数。最新计数作为算法共享的非机密输入内容。在每次身份验证之后，银行和密码器的计数器值都会增加，以便它们共享一个新的非机密值。

这也是汽车遥控门锁系统的操作方式。类比来说，本例中的银行是你的车，密码器是你的车钥匙。汽车和车钥匙共享加密算法和密钥。它们还各自维护一个计数器。每次按下按键打开汽车时，车钥匙就会计算并无线传输一个完美密码到汽车上。在打开车门锁之前，汽车会验证密码的正确性。[28]

还有一种方法可以实现完美的密码，它不需要同步时钟或维护同步计数器。无须同步带来了灵活性，这就是为何这种方法不仅仅被用于密码器，也被用于进行身份验证来支持你访问 Wi-Fi、访问安全网站或执行许多其他操作。

数字飞镖

在澳大利亚东部，一名土著猎人悄悄爬到滨海湿地的边缘，远处的鸭子正毫无觉察地嬉水。猎人发射了飞镖，飞镖绕着湿地的远岸画出弧线，贴着水面旋转。鸭子都飞走了，而飞镖又转回了猎人的手中。[29]这一场景似乎与眼前的讨论无关，但网络空间中充斥着数字飞镖。事实上，如果没有它们，目前我们在网络空间所做的许多事情都无法可靠地完成。

为了理解原因，让我们再考虑一下我们的猎人。假设猎人是盲人（这使得投掷飞镖更为危险），此外，假设猎人不是寻找晚餐，而是希望利用飞镖了解周围环境。这正是我们将数字飞镖扔进网络空间的原因。

虽然我们的猎人看不见飞镖在飞行，但有一件事他可以肯定，那就是回来的飞镖一定是他扔出的那个飞镖（除非他的一个朋友决定跟他玩一个精心设计的恶作剧）。然而，如果你向网络空间发送一些数据，返回给你的数据是否还是相同的数据就不一定了。例如，返回的数据可能是你过去发送的相同数据的副本。出于这个原因，我们通常只把新生成的随机数扔进网络空间。因为这些数字都是新的，而且都是随机选择的，所以它们的副本以前不太可能被发送到网络空间。就像猎人一样，我们确信当这个随机数返回时，它一定是我们最近发送的随机数。

尽管猎人失明了，但当飞镖返回时，他能够推断出有关环境的信息。比如，在湿地的远岸，有一些刺鼻的白千层树。[30]当飞镖贴着这些树木飞行时，捕捉到了它们的气味。猎人现在也许可以从它的气味中了解返回的飞镖去过哪里。关键是，猎人可以做出推断，因为返回的飞镖已经被非常轻微地修改过。

像猎人一样，我们在网络空间也完全是两眼一抹黑。当我们将随机数发送到网络空间，它们返回时，我们完全不知道它们去过哪里。然而，与飞镖相比，数据的一个优势是易于被修改。如果随机数可以识别谁对它们进行修改并因此变换，那么这些信息可以用来精确判断刚刚返回的随机数去过哪里。换句话说，数字飞镖使我们能够确定谁在网络空间。[31]

这一原则通常被称为“质询 – 响应”，很容易靠密码学来实现。回到我们的网上银行密码器的例子，如果密码器有一个键盘，那么我们可以使用质询 – 响应而不是依赖计数器。在这种情况下，银行生成一个新的随机数并将其发送给客户，这就是质询。银行发出的质询是：“告诉我你能用这个随机生成的数字做什么。”客户将质询输入密码器，密码器使用其密钥和加密算法计算，而后在密码器屏幕上显示响应结果。客户将响应结果发送回银行，银行将检查使用加密算法和客户密钥副本来处理质询是否获得相同的响应结果。这家银行将一个随机数扔进网络空间，然后取回一个经过修改的版本，一种只有客户才能做到的数字变换。数字飞镖又回来了，至关重要的是，银行知道自己刚刚的随机数去了哪里。

质询－响应的重要性

质询－响应原则对网络空间的安全至关重要。大多数涉及密码学的实操过程都具有投掷数字飞镖的特征。

到目前为止，我主要将密码学作为一组工具来介绍，这些工具包括保密性、数据完整性和身份验证等属性。在实践中，大多数情况下使用加密技术涉及多个参与方和多种工具。质询－响应提供了一个很好的例子：银行生成一个挑战（几乎可以肯定使用了加密随机数生成器）并将其发送给用户，用户将其输入密码器。然后密码器对挑战进行加密计算得出响应结果。该响应结果被发送回银行，银行在本地重新计算响应结果，验证从密码器接收的响应结果是否与银行在本地计算的响应结果相匹配。

密码学大多涉及发送这个、做那个、检查这个、加密那个、发送回来等一系列过程。整个过程通常被称为“加密协议”，它规定了每个人都需要遵循的精确的密码工具使用流程，以保证所需要的安全性。事实上，加密协议的本质是由多方进行操作的加密算法。你经常使用的许多加密协议都包含质询－响应机制。当你使用网络浏览器链接涉及敏感数据的远程网站时，比如进行在线购物、查看电子邮件、办理网上银行业务，你的网络浏览器和网络服务器就会使用一种被称为“安全传输层协议”（TLS）的加密协议进行通信。[32]安全传输层协议的第一步便是，网络浏览器和网站互相向对方发送一个随机数。

无论加密协议有多复杂，都是从发送随机生成的质询开始的，以得出是谁在网络空间的响应，这可能是在任何安全过程中都最核心的内容。安全传输层协议协商加密算法的选择，并设立密钥用于加密和保护网络浏览器和所访问网站之间的通信完整性。除非你能确定你正试图链接网站的身份，否则就不要继续。

Wi-Fi 使用的加密协议同样使用密钥来保护设备和网络之间的数据流动，但如果设备未被允许访问 Wi-Fi 网络或 Wi-Fi 网络不可靠，则不会遇到这样的麻烦。大多数加密协议从身份验证开始，大多数身份验证从某种质询–响应开始。

匿名先生

一串敲门声。“谁在那里？”“先生！”“哪位先生？”“匿名先生！”与大多数游乐场的游戏一样，其中隐藏着一个真相。有时候，我们用“我不想告诉你，管好你自己的事！”来回答网络空间里“谁在那里？”这样的问题。

身份验证的对立面是匿名。人们出于多种原因希望在网络空间匿名。我们可以非常自然地联想到一些消极动机，比如进行犯罪活动或间谍活动。然而，在许多情况下，出于更具建设性的原因，保持匿名是可取的。例如，在网络上发表激烈观点的人希望匿名，记者可能希望匿名。更常见的是，浏览网站的人也希望保持匿名，以免网站记录他们的个人信息，为用户画像并定向投放广告。事实上，匿名的概念被视为一项人权，涉及更广泛、更基本的个人隐私权。[33]

你可以认为匿名是网络空间的默认存在状态。毕竟，到目前为止我所描述的身份验证机制都可以通过在网络空间伪装而轻松过关。你看不到谁在那里，所以也许你应该用完美的密码来试探吗？事实上，在网络空间保持某种形式的匿名很容易，但是真正的匿名要难得多。

当你在网络空间时，你会对匿名有切身感受。匿名的感觉就像是除了你以及你与之互动的设备，网络空间的一切都是不可知的虚无；

没有人和你在一起，没有人能看见你，没有人知道你是谁。事实上，你可以很容易地伪装成别人。当票务网站烦人地强迫你注册时，你会沾沾自喜地在名字框中输入“米老鼠”，你变成一只卡通啮齿类动物。这和你开车时的那种匿名感没什么不同，只有你在一个伪装的科技盒子里，还有那条开放的高速公路。

这种匿名感有消极的一面。很多人在网络空间更加大胆，从而更不愿意遵守日常的行为准则。匿名似乎释放了人性的一些阴暗面，而这些阴暗面在现实中是受限的。[34]你可能在车里经历过这种情况，某种程度的匿名可以让你与其他司机发生冲突，而这种情况是你在繁忙的街道上与其他行人一起行走时不会发生的。汽车司机在行人道歉的情况下仍然按喇叭，在极端情况下，汽车司机的行为非常恶劣，导致“路怒”事件的发生。

明显的匿名感在网络空间会释放出恶魔。我们利用网络空间进行日常交流，使一系列社会弊病更容易长期存在，并且影响范围更广。尖酸刻薄的网络留言、网络欺凌和网络跟踪等恶性事件正在上升，部分原因是网络空间的匿名性。[35]有时，这些行为是由受害者所认识的人实施的，但他们在网络空间中无所顾忌。故意在网络空间匿名的人往往犯下了最严重的罪行。看看发布在网络报纸和杂志下方的极端评论，其中一些言论令人深感不安，并且最糟糕的言论都以昵称发布。

如果一个汽车司机严重侵扰另一个司机（如尾随或以危险方式驾驶），他们并不会因为明显的匿名性而免受起诉。毕竟，汽车拥有可以报告和追踪的注册号码，道路经常被监控摄像头监视，在调查过程中可以查阅这些摄像头，网络空间也不例外。

事实上，从匿名的角度来看，网络空间是一个更加糟糕的环境。每个设备都使用一个唯一的地址访问互联网，该地址作为连接的标识符，有时作为设备本身的标识符。移动运营商和互联网服务提供商等基础设施公司经常记录网络活动，基于设备的硬件和软件，通常有一系列特征可以用来识别。网络空间中几乎每一个行为都会留下痕迹，其中许多行为都可以用来揭穿匿名的企图。[36]

如果你真的想在网络空间中匿名，你必须很下功夫。密码学在网络空间中为身份验证提供了一些强大机制，但它也为实现匿名提供了一些好方法。

洋葱网络

在网络空间中，最著名的支持匿名的技术是洋葱网络（Tor）。该工具虽然不能提供完美的匿名性，但也足够了，因此其成为一种可选技术，不仅适用于持不同政见者和在线黑市供应商，也适用于在网络空间需要隐私的普通用户。[37]

洋葱网络由一个特别的网络浏览器和一个专用路由器网络组成，这些路由器本质上是交付中心。路由器是互联网的标准组件，正常数据流（不使用洋葱网络时）包含数据发送方和接收方的唯一互联网地址，数据通过一个路由器传递到另一个路由器，从发送方到接收方，直到数据的目的地。这种寻址信息不是保密的，所有中间路由器都可以很容易地看到是谁在发送数据以及数据要去哪里。事实上，路由器的关键是能够看到寻址信息，否则，它们就不知道下一步要将数据引向何处。

匿名性带来的挑战是如何为路由器提供足够的信息，使其能够不间断地将数据传递到目的地，而不必透露有关谁向谁发送内容的完整信息。这听起来像是一项加密工作，但如果你加密地址信息，就没有人知道信息需要去哪里。所以，洋葱网络的解决方案真是既简单又巧妙。

这是一个类比：你是一个想向记者发送文件的告密者。你非常急迫且想匿名做这件事。你可以将文件密封在一个信封中，信封上写着记者的地址，然后打电话给快递员，但快递员有可能“取消匿名”，因为他知道发件人和收件人的地址。为了解决这个去匿名化问题，洋葱网络建立了一个“安全屋”网络。

要使用洋葱网络交付文档，首先从洋葱网络中随机选择 3 个安全屋。你把文件封在一个写有记者地址的信封里，然后将该信封密封在另一个信封内，投递地址为第 3 个安全屋。接着再将信封密封在另一个信封内，投递地址为第 2 个安全屋。之后再密封在另一个信封内，投递地址为第 1 个安全屋。现在你给快递员打电话。快递员把这个包装好的包裹送到第 1 个安全屋。第 1 个信封被移除，显示第 2 个安全屋的地址。第 1 个安全屋现在呼叫了一名新的快递员，他将包裹继续运送到第 2 个安全屋。第 2 个和第 3 个安全屋也发生了类似的过程。在第 3 个安全屋，记者的地址显示出来，最后的快递员将剩下的信封交给记者。

这项计划听起来可能有点麻烦，但非常有效，没有安全屋或快递员知道是谁寄出了包裹以及谁接收包裹。第 1 个安全屋和快递员知道它从哪里来，第 3 个安全屋和快递员知道它要去哪里，但没有人同时知道这两件事。在洋葱网络中，安全屋是路由器，信封是加密层。使用洋葱网络发送的数据分为 3 层进行加密，每个路由器在传递数据之前先剥掉一层加密。这一过程有时被称为“洋葱路由”，因为它类似于厨师剥洋葱。

如上所述，匿名是网络空间的一个迷人方面，当然还有更多方面值得探讨。网络空间中存在着许多关于匿名的两极分化的观点。匿名的负面影响导致一些人将其视为网络空间最大的祸害之一，[38]另一些人则认为匿名是网络空间自由定义的特征。[39]我将在后面更详细地讨论，密码学提供了促进网络空间匿名性的最佳手段，而密码学本身要么被妖魔化，要么被大肆宣扬。

谁是谁

我对谁在网络空间的分析有点简单化。我谈到区分人与计算机，但现实更为复杂。

网络空间中的人指的是什么？大多数人在网络空间中有很多不同的角色。毫无疑问，在网络空间使用的各种服务中，人由不同的昵称和账户所代表。有些人甚至在同一项服务中拥有不同的账户。以下哪一个是“真实的”你？都是吗？还是其中几个？

除了人类，还有谁能在网络空间里？它可以是笔记本电脑、电话、令牌、密钥和网络地址。它也可以是一个网络服务器、一个网络路由器、一个计算机程序。可能性几乎是无穷无尽的。

将来，事情会变得更加混乱。绝大多数人很少远离他们的手机，这使得手机成为一种有吸引力的身份验证设备。现代移动电话能够安全地存储密钥和执行复杂的加密算法，人类不仅能够更可靠地携带计算机，而且未来可能会看到人类变得更像计算机。健康监测的进步使未来的人体很可能被植入小型计算传感器。更令人担忧的是，不管你喜不喜欢，有一些项目正在探索如何将人脑接入网络空间。[40]与此同时，计算机本身也越来越善于表现得像人类。随着人工智能和大数据处理技术的进步，机器能够预测甚至超越人类的决策，计算机的思维方式已经越来越像人类了。机器人技术的进步使得一个具有某种形状的网络人很快就会出现在我们身边。

天知道这一切对身份验证的未来意味着什么。然而，无论我们最终在未来的网络空间使用什么技术，“谁在那里?”这个核心问题不会消失。无论谁提出这个问题，都需要仔细思考谁是“谁”。你需要知道谁在那里，是人、令牌、账户，还是密钥?当你得到答案时，是“谁”在回答?同样，当你被问道“谁在那里?”，“谁”在回答，你还是你的手机?知道这一点是很重要的，因为如果你把手机放错地方，你真的应该意识到你在多大程度上失去了“网络自我”。

谁在那里?答案可能很复杂，但为了在网络空间中的安全，我们应该知道。

第七章

破解密码系统

是时候来盘点一下了。密码学提供了各种智能的工具：加密机制可以控制访问信息的权限，完整性校验机制可以检测信息是否被篡改，身份验证机制可以告诉我们通信的对象是谁。这些加密工具在理论上都很好，但如果我们想在网络空间中获得真正的安全，这些服务需要在实际系统中真正有效地运作。众所周知，构建实际的系统是十分困难的，所以我们必须考虑如何将密码学从一个迷人的想法转变成真正能帮助我们在网络空间获得安全的东西。思考如何正确应用密码学的最好方法就是去思考可能会面临的问题。

光有螺帽和螺丝是不够的

密码学是有用的，至少，它能起到一些作用。然而，你会听到一些密码学被“破坏”的故事。尽管使用了密码学，但苏格兰女王玛丽一世和拿破仑的通信内容最终还是暴露了，大部分被德国恩尼格玛密码机保护的数据也被同盟国破解，使同盟国在第二次世界大战中获得了巨大优势。新技术所应用的密码学经常被发现有明显的缺点。法院调查人员有时能够绕过被扣押的手机上保护数据的加密技术。这些明显的密码学失败是如何持续发生的呢？

一个好的加密算法是很难被设计出来的，因此我们会得出这样的结论：加密保护的失败都应该归咎于加密技术本身的不足。但实际上这并不是密码学失败的主要原因。

值得肯定的是，密码学在维护网络空间和其他地方的信息安全方面的确发挥着重要的作用。密码学提供了一系列的安全机制，每个机制都是为了一个特定目的而设计的。例如，加密技术将数据打乱成一种难以被破解的形式。这听起来对增强保密性很有用，但有一件事是所有依赖加密技术的人都需要注意，又往往被忽视的，那就是打乱数据是加密唯一能做的事。

让我们想想加密不能做什么。加密并不能保证所使用的加密算法已经被正确编码或已被应用到它试图保护的技术中。加密不能控制谁有权限访问解密密钥，同时，加密这件事在数据加密前或解密后都不会对数据起到保护作用。

密码学所提供的最佳保护方式只是作为广义上密码系统中的一部分来使用，密码系统不仅包括算法和密钥，还包括实现加密的技术、管理密钥的设备和程序、处理受保护数据的程序，甚至包括与上述所有内容进行交互的人员。当加密出现问题时，实际可能是因为密码系统未能按照预期的设定正常工作。不排除所使用的密码技术存在问题，但问题也可能出在其他地方。

密码学对于我们今天在网络空间使用的大部分安全技术都至关重要。可以说，它提供了构建安全系统的螺帽和螺丝。在建造横跨河口的钢桥时，螺帽和螺丝是必需的，但光有螺帽和螺丝也是不够的，如果哪天桥倒了，往往不是因为螺帽和螺丝没有发挥作用。[1]

使用最先进的技术

从各方面来看，恺撒大帝是一个狂热的密码学爱好者。相传，每当书面信息需要保密时，他都会使用加密来伪装。[2]恺撒使用的算法被称为“恺撒密码”，即将字母按字母表顺序向后移动一定的位置。移位的数量是关键，据说恺撒习惯性地使用 3 个移位（如 A 换为 D，B 换为 E，依此类推）。

恺撒密码往往是学生在密码学课程中遇到的第一个加密算法。在学生被告知它有多弱之前，它会被当作一个说明性的例子。就今天而言，恺撒密码太简单了，因为它会泄密明文的信息。它只有 26 个可能的密钥，而且只需要知道一个明文和相匹配的密文，密钥就会被泄露。恺撒密码似乎并不能给你的银行账户加密，恺撒是有多天真啊？

恺撒大帝不是一个简单的人，他并不天真，他是一个狡猾的政治家，不服输的军事指挥官，最终成为罗马共和国的独裁领袖。恺撒无疑是一个拥有很多秘密的人。他在公元前的时代就使用了加密技术，是具有远见卓识的，也反映了他很清楚信息的价值，并尝试保护信息。有人指出，恺撒的大部分敌人可能是文盲，不识字的人极有可能不知道什么是加密技术。如果他们拦截了恺撒密码，只会看着这些乱码摸不着头脑，而恺撒知道自己在做什么。恺撒密码是当时最先进的加密技术，可以说它成功完成了恺撒所要求的工作。恺撒真棒！

在 16 世纪末，苏格兰女王玛丽一世和策划巴宾顿阴谋的同伙为了通信的保密性，自创了加密算法（有什么比赶走英国女王伊丽莎白一世的计划更需要被保密呢）。[3]玛丽一世的问题是，她和她的朋友们都不精通密码学的前沿技术。如果玛丽一世消化了意大利密码学家吉奥万·巴蒂斯塔·贝拉索（Giovan Battista Bellaso）在1553年发表的《吉奥万·巴蒂斯塔·贝拉索先生的密码》一文，那么这个世界可能会变得截然不同。相反，玛丽一世依靠的还是一系列定制的算法，与恺撒密码相比，并没有明显的改进。在与伊丽莎白一世强大的情报机构的对抗中，玛丽一世输了。伊丽莎白一世聘用了托马斯·菲利普（Thomas Phelippes），他本质上是一个密码学专家，以及亚瑟·格里高利（Arthur Gregory），他是一个干扰信件封条方面的专家。[4]这给我们大家一个很好的启示：当信息需要保护的时候，保密性和数据完整性都很重要。

好消息是，今天强大的加密算法已经可以直接供大家使用。自20世纪70年代以来，密码学的专业技术已经不再局限于政府和军事领域。几项重要的国际标准规定了包括AES在内的加密算法，这些标准被专业密码学界公认为是非常安全的。[5]

你是不是觉得我们每天在网络空间使用的技术都是最先进的加密算法，好吧，大多数情况下是的，但绝不是全部。新技术采用自主加密算法有一段失败的历史。这其中有多种原因，其中一些原因具有一定的合理性，比如某些算法是为优化某个特定性能而设计的，但在更多情况下，原因仅仅是考虑不周。现在，如果还使用类似苏格兰女王玛丽一世那样的密码几乎都以失败告终，尽管并不会发生斩首事件。[6]

给我们的教训很简单。在选择加密算法时，无论是对于保密性、数据完整性还是身份验证，均应选择最新技术。加密算法是任何密码系统的核心组成部分，没有理由不使用最佳的可用算法。如果使用了一种广受推崇的算法但密码系统仍然失败了，那么问题应该出在了别的地方。

已知与未知

当专家们推荐一种最先进的加密算法时，他们当然是基于个人对密码学的了解。但是，我们无法保证任何算法的安全性，并且永远也无法保证。在推测不确定性时，以美国前国防部长唐纳德·拉姆斯菲尔德（Donald Rumsfeld）的“可知分类法”为基准，也许会有帮助。[7]

加密算法的设计主要基于已知的算法安全知识，换言之，考虑到可用的最佳实践。苏格兰女王玛丽一世由于对当时已知的知识掌握不足而失去了对其信息的控制权。她的加密算法与我们先前遇到的简单替换密码有一个共同的问题，即当使用特定的密钥时，相同的明文字母总是被加密成相同的密文。由于某些明文字母在任何语言中的出现频率远高于其他字母，导致有些密文字母的出现频率也远高于其他字母。因此，只要仔细分析密文字母的出现频率，就可以猜测出底层的明文是什么。通过略带智慧的反复试错，使用频率分析来确定完整的明文是非常容易的。此类谜题现在经常刊登在杂志上，用计算机解决起来也很简单。

频率分析只是众多攻击技术中的一种，其中大部分技术更为复杂，现代加密算法的设计人员应该早就注意到了。到了玛丽一世的时代，对频率分析的了解引导大家采用更复杂的加密算法，比如吉奥万·巴蒂斯塔·贝拉索的维吉尼亚密码，它能确保当同一明文多次出现时，可以被加密成不同字母的密文。

对玛丽一世来说，频率分析属于拉姆斯菲尔德所描述的一种不确定的范畴。这是一个未知的已知，她本可以有知道的机会，但她没有去探索。自 20 世纪 70 年代中期出现以来，未知的已知风险一直困扰着密码学的公开使用。在这之前，密码学在很大程度上只活跃在政府和军方领域，在那里，它被笼罩在神秘之中。

当DES算法在20世纪70年代末首次公布时，毫无疑问，情报机构对密码技术的了解远超我们普通人。这种特殊性导致了人们对DES算法的担忧，尽管可能是没有根据的。人们担心DES算法受到攻击时只有情报机构知情，而大众在这个过程中一无所知。事实上，这种未知是存在的，但这似乎加强了DES的安全性，而非削弱。[8]当AES竞赛开始时，有关密码学的秘密知识与公众认知之间的差距已然缩小。

今天，公众普遍了解了密码学的专业知识，导致加密算法设计方面出现重大未知知识的概率比以往任何时候都低，尽管情报机构肯定还是会知道一些公众不知道的事情。[9]值得注意的是，在2013年爱德华·斯诺登披露的大量关于政府情报机构利用密码系统的信息中，很少有信息表明情报机构在分析加密算法方面比大众更占优势。

拉姆斯菲尔德承认美国情报机构存在已知的未知数。几个已知的未知数也像乌云一样笼罩在密码学的上空。密码学是建立在一个重要的前提之上的。攻击者并非不可能从密文中找出明文，或找到一个解密密钥，或进行大整数的素数分解，或伪造一个消息验证码，或找到一个特定的哈希值，或完成其他一系列的工作。不过，做到这些事情很难，而这些事情的困难程度又取决于攻击方愿意花费多少计算精力。

第一个困难是，虽然我们知道有强大的密码学攻击者存在，但我们不知道他们是谁，也不知道他们的计算机有多强大，我们只能做一个有根据的推测。第二个困难更尴尬，我们知道计算机速度越来越快，但我们不知道计算机在未来会升级到什么程度。幸运的是，在计算机性能的发展速度方面有一些经验可供预测，但也只是预测。[10]由于这两个已知的困难，加密算法的设计往往是非常保守的，会假设对面存在一个前所未有的强大攻击者。毕竟过于安全总好过留下遗憾。

然而，真正笼罩在密码学上空的乌云是量子计算。我们知道它即将到来，我们知道它将在不同程度上影响当代的加密算法。但我们不知道具体时间，也不知道理论将如何转化为实践。量子计算是一个会影响未来密码学的长远问题，所以我想以后再讨论。

除了以上这些困难，还有一个拉姆斯菲尔德最担心的问题：未知的未知。我们今天使用的加密算法会不会因为一个意外而崩溃从而危及其安全性？希望不会，但我们也无法确定。密码学世界一般不会为这种意外所动摇，但过去也不是没有过例外。

2004 年，在一个重要的密码学研究会议上，王小云，一个当时相对不出名的中国研究员，发表了一篇非正式的论文，描述了对 MD5 的破坏性攻击，MD5 是当时常用的哈希函数之一。[11] 虽然这次攻击并没有立即威胁到所有使用了 MD5 的应用，但它暴露了一个事实，即 MD5 比大家想象的要弱得多。大多数攻击技术都会随着时间推移而逐渐改进，但这种类型的突破很罕见。以前不为人知的未知数现在已众所周知，这就启动了一个进程，即发展设计全新的哈希函数算法。

谍战片里如何拯救世界

下面是我们经常在电视上看到的（比如《007》系列电影）密码学实战。

两名情报人员紧张地坐在一辆汽车里，在繁忙的城市街道上与时间赛跑。开车的情报人员正惊慌失措地与基地紧急通话。副驾的情报人员则是一位来自情报机构的极客分析师，他正在将一张刚刚得来的存储卡插入一台笔记本电脑。“上面是什么？”司机问。“它是加密的。”分析师回答说。“你能破解密码吗？”司机又问。分析师与键盘搏斗着，神秘的符号在屏幕上飞舞，他咬着嘴唇，慢慢呼气。分析师说道："我以前从未见过这种加密方法，它非常复杂。加密的人做得很不错。"开车的那位问："你能破解它吗？"屏幕上的计时器一秒一秒地向零飞奔。分析师皱着眉头，手指在键盘上噼里啪啦地敲着。摄像机聚焦在笔记本电脑上，一堆乱七八糟的数据正从屏幕上倾泻而下。司机闯红灯，超车，险些与摩托车正面相撞。分析师继续敲击键盘，喃喃自语，眼睛死死盯着屏幕上的密文。司机决定抄近路，突然右转，发现路被垃圾车挡住了。汽车急刹着停了下来，当计时器进入倒计时的最后几秒时，司机绝望地叹了口气。此刻，分析师气喘吁吁地喊道："我搞定了！"世界又被拯救了。

在上面的电影情节里，要么分析师突然掌握了一个关于密码学的未知知识，要么他就是在胡说。

刚才发生了什么？副驾上的分析师明明说对这个加密算法并不熟悉。他是怎么解决的？任何一个好的加密算法产生的密文都应该是随机生成的，所以通常情况下，你不能仅仅通过一些随意的检查来确定这是用哪种算法加密的。但是让我们把这个问题放在一边。我们可以推断出这里使用的不是分析师所熟悉的加密算法，所以分析师告诉我们这个算法是未知的。因为分析师还指出加密数据的人做得不错，所以可以放心地假设分析师没有从存储卡中提出密钥（因为如果密钥管理非常差，加密者肯定算不上干得不错）。因此，分析师既不知道算法，也不知道密钥，那么，所谓破解的明文是从何而来的呢？

只有一个结论。不知何故，分析师已经尝试了每一种可能的算法，包括每一个可能的密钥。所有可能的算法？可能有多少种加密算法？这个问题甚至不值得去思考，因为这个数字如此之大，以至于可以完全排除分析师拥有这种能力。[12]

让我们把话说清楚。如果你得到了一个密文，假设它是由一个良好的加密算法产生的，而你又不知道是用哪种算法产生的，那么你几乎无法分析它。然而，由于前面讨论的所有原因，现代密码学的大多数应用都遵从于密码学标准，这些标准准确地指定了所使用的算法，因此，在大多数情况下，假设算法已知也是完全合理的。

所以，让我们修改一下前面电影里的情节。分析师说："它是加密的。"司机问："你能破解它吗？"分析师与键盘搏斗着，神秘的符号在屏幕上飞舞，他咬着嘴唇，慢慢呼气。分析师说："我猜他们使用了非常强大的加密技术，可能是AES。加密的人干得不错。"司机又问："你能破解它吗？"嘀嗒，嘀嗒，嘀嗒。汽车急刹着停了下来，当计时器进入倒计时的最后几秒时，司机绝望地叹了口气。此时，分析师气喘吁吁地说："我搞定了！"

我不这么认为。

密钥长度很重要

恺撒大帝无疑知道这一点，巴宾顿阴谋的策划者们似乎也认识到了这一点，就连已经看到这里的你，也肯定对它深信不疑。令人惊讶的是，一些新型安全技术的设计者却低估了它。而电影的编剧，则往往选择直接忽略它。

密钥长度很重要。换句话说，密钥数量对加密算法的安全性有重要的影响，密钥数量再多都不嫌多，就怕太少。

例如，26个是不够的！也许对恺撒来说够了，但对于保护你的手机来说就不是了。苏格兰女王玛丽一世凭借简单替换密码的扩展版本，在密钥长度方面处于一个更有优势的位置。她的加密算法比简单替换密码拥有更多的密钥，而简单替换密码本身已经有很多密钥。玛丽一世的密钥长度已经接近今天可以被接受的程度。这堂课的结论很清楚，即密钥长度很重要，但这还不是全部，拥有足够多的可能的密钥并不能保证不会掉脑袋。

密钥长度很重要，因为存在一种对每种加密算法都进行尝试的简单攻击。无论算法如何将输入数据混合成密文、消息验证码或其他什么东西，这种攻击都能奏效，比如穷举密钥搜索（exhaustive key search）只是简单地尝试了所有可能的密钥。[13]然而，要想奏效，需要完成两件事：第一，算法必须是已知的；第二，必须有一些方法来确定何时找到了正确的密钥。

让我们回到我们修改后的电影情节中，思考一个针对对称加密的穷举密钥搜索。分析师有一些密文，他想知道底层的明文。他知道或猜测使用的加密算法是 AES，但他不知道到底使用的是哪个密钥。在没有进一步信息的情况下，他唯一的选择就是尝试所有可能的密钥，一个接一个。猜测一个密钥，解密；再猜测一个密钥，解密；又猜测一个密钥，解密。反复，反复，反复。假设明文不是随机的，那么当找到正确的密钥时，应该很容易就能确定找对了。因为，屏幕上无法理解的密文此时会变成一张描绘着即将实施的恐怖阴谋计划的地图。但是，真的能及时找到正确的密钥吗？

我就直说了吧，如果一个 AES 密文的正确密钥在穷举密钥搜索的几分钟内偶然出现，那么分析者的运气已经好到令人难以置信了。找到正确的密钥到底需要多长时间呢？在大多数情况下，没有必要去尝试每一个密钥，因为正确的密钥将在搜索所有可能的密钥的途中就被发现了。如果加密算法是恺撒密码，那么分析师在尝试 26 个可能的密钥的途中，很可能尝试到第 13 次时就找到了正确的密钥。他几乎可以手动完成，而他的电脑则在瞬间完成这个运算。但真正的加密算法呢？

为了这个运算，让我们把情报分析师的电脑升级为一台能够处理每秒 1×10^{17} 次浮点运算的超级计算机，而 AES 的最低限度要求有 3.40 ×

10^{38}个密钥。粗略的计算来说，使用这台超级计算机对 AES 进行穷举搜索需要花费 5 000 万亿年的时间。[14]不幸的是，这比电影时长允许的时间久了不少。如果拯救世界依赖于此次对 AES 的成功穷举搜索，那么我们注定会失败。

密钥长度很重要，长度通常以密钥的位数来衡量。基于 AES 密钥的最小长度是 128 比特。密钥长度有两个重要的方面，每个方面都值得被进一步关注。如果我们的电影发生时间设定在 20 世纪末，那么 DES 的加密算法可能会被使用，这也许是最好的说明。

第一个方面是密钥长度的敏感性。DES 的密钥长度为 56 比特，略小于 AES 密钥长度的一半，但这并不意味着 AES 的密钥数量是 DES 的两倍多。如果对称密钥的长度增加一位，那么可能的密钥数将呈指数增长，因此 AES 的可能密钥数量是 DES 的 5×10^{21}倍！想想吧。

第二个方面是推荐的密钥长度是如何随时间变化的。当 DES 在 20 世纪 70 年代末被首次发布时，一些人担心它的 700 万亿个密钥不够。有人估计花费 2 000 万美元就可以制造出这样一台机器，能够在不到一天的时间内穷举所有可能的密钥。[15]虽然这台机器从未被制造过，但是有人认为，无论如何，这种设备在完成穷举前就会热到熔化。

20 年来，全世界的计算机经过分布式的穷举密钥搜索，在不到半年的时间里就找到了 DES 的密钥。[16]这样的成就在 20 世纪 70 年代末是不可想象的。在这 20 年的时间里，DES 一直是最新的加密技术，这样的穷举被认为是不可能在计算机上完成的。但随着时间的推移，穷举能力只会越来越强。AES 的诞生源于人们意识到 DES 的密钥长度已经成为一种障碍。今天，我们的超级计算机需要 5 000 万亿年才能找到一个 AES 密钥，却可以在煮熟一个鸡蛋的时间内找到 DES 密钥。

当然，没有人说 AES 会在 5 000 万亿年内保持安全状态。计算机会继续进步，所以推荐的密钥长度需要考虑这个因素。既然无法阻止穷举密钥搜索，我们就必须确保密钥的数量足够多，在合理的时间范围内，穷举密钥搜索很可能是不切实际的。密钥的长度很重要，但凡考虑到这个问题，很多电影情节便不成立。

加密方式也很重要

拿破仑认识到，使用好密码学是很重要的，但这无疑是一条艰难的道路。1811 年，拿破仑委托别人设计了一种最先进的加密算法，被称为“巴黎大人物”（Le Grande Chiffre de Paris）。该算法是为了对抗频率分析而设计的。通过使用一些技术，如将较常见的明文字母加密成许多不同的密文字母，以及使用假字符掩盖常见的字母组合，这种有点笨拙但有效的加密算法很有可能击败英国军队及其同盟国的密码学专家。

但不到一年时间，巴黎大人物就被破解了。12 个月后，拿破仑的军队悲伤地从伊比利亚岛撤退。他们刚刚输掉了一场战争，在这场战争中，他们不知道自己的加密信息早就被英国人破译了。两年的时间，拿破仑就在圣赫勒拿岛“休假”。拿破仑始终想不明白的是，为什么良好的加密算法也不能完全保证他的安全。使用某种良好的算法很重要，但使用它的方式也很重要。

拿破仑的军队拥有了强大的加密技术，但他们没有好好使用它。[17]他们最大的错误是只对部分信息进行间断性加密，这么做也许是为了提高效率，却是一个毁灭性的安全错误。通过发送明文与密文混合的奇异组合，法国人给英国情报机构送上了一份免费的礼物。根据已知的明文部分，英国分析师可以对剩余的明文进行有根据地猜测，然后将这些猜测与之前截获的通信进行关联。不需要花太多时间就能推断出整个“巴黎大数字”的密钥。

在第二次世界大战期间，致力于攻克德国恩尼格玛密码机的密码学家们从德方在使用密码学时的各种粗心大意中找到了突破口。例如，许多明文信息都是以可预测的单词或短语开始的。同样，恩尼格玛密码机中的密钥由许多机械设置组成，其中一些更是基于机器物理布局的“懒惰”选择。这些漏洞虽然都不足以单独破解恩尼格玛密码机，但不断积累的关于恩尼格玛密码机的使用知识最终帮助人们破解了它。[18]

今天，我们还是不能避免这样的问题。例如，如果现代的块密码使用不当，就会受到各种攻击，包括频率分析攻击。最先进的加密算法 AES 并不是一个字母一个字母地加密，而是将同一个明文数据块加密成一个密文数据块。对数据块进行频率分析要比对单个字母进行频率分析困难得多，但我们仍然可以用这种方式对数据块进行频率分析。例如，如果一个数据库被逐条加密，包括一个“孩子最喜欢的食物”的数据域，那么在密文中，出现的将是对“比萨”的加密，而不是对“青菜”的加密。即使 AES 已经对“比萨”进行完美加密了，我们仍然可以在不破解加密算法的情况下猜测出明文应该是比萨。

可以通过各种方式来解决破解比萨的问题，主要依靠改变使用 AES 的方式，而不是对算法本身进行修改。例如，在每个数据库条目旁边加入一个随机数，每个条目中与比萨相关的密文就会变得不同。更通俗地说，如前所述，块密码通常是通过改变各种技术的运行模式来部署的，以确保不会将相同的明文块转化为相同的密文块。[19]

选择一种加密算法是一项任务，而安全地使用它则是另一项任务。今天，我们不仅有对算法的规定标准，而且还有对算法使用方式的建议标准。如果使用不当，21 世纪的“大人物”很可能像当年拿破仑的

“巴黎大人物”一样失败。

遵循加密协议

加密机制很少是独立使用的。当你使用加密技术时，你通常是在参与一个涉及不同加密机制的加密协议，以提供不同的安全属性。例如，当使用前面讨论过的安全传输层协议进行安全的网络连接时，你的网络浏览器使用了对网络服务器进行身份验证的机制、对交换数据进行保密的机制、提供数据源认证的机制（有时后两种机制是结合在一起的）。安全传输层协议精确地规定了什么时候需要发生什么事情，以及以什么顺序发生。如果只是协议中的一个步骤不成功，那么整个协议就会失败。例如，在安全传输层协议中，如果网络服务器没有通过认证，那么协议会以未批准安全会话的形式结束。

苏格兰女王玛丽一世遭遇了一场灾难性的协议失败，因为她所有的安全机制都被破坏了。她依靠的是只有托马斯·菲利普可以破解的加密算法，而蜡封被用来保护密文本身的完整性。如果这个完整性机制奏效了，那么即使菲利普能破解密码，他为了检查密文而打开蜡封的举动，也会通知到玛丽一世。但亚瑟·格里高利可以在不被发现的情况下打开蜡封，所以玛丽一世的数据完整性机制也失败了。更糟糕的是，菲利普能做的不仅仅是破解她的密文，他对整个系统的了解是如此全面，以至于他也能伪造信息。

在巴宾顿阴谋的最后阶段，菲利普已经能够伪造玛丽一世给巴宾顿的信息了，要求说出主谋的姓名。[20]当收到一个显然被正确加密的信息时，巴宾顿错误地认为该信息是玛丽一世发出的（请记住，使用加密技术并不能保证数据完整性，也就是数据来源认证）。结果，这最后的加密故障对逮捕程序没有任何影响，因为巴宾顿还没来得及回复就被抓走了。6 周后，巴宾顿被处以英式车裂之刑，几个月内，玛丽一世也被砍头了。

即使选择强大的加密算法来实现设计良好的密码协议中的机制，如果协议没有被正确遵守，那么整体的保护也可能无法实现。例如，假设安全传输层协议中的网络服务器认证步骤被错误地省略了，或者说没有被正确地执行，换句话说，你的网络浏览器由于某种原因，没有事先确认与其正在通信的网络服务器的真实身份。如果只是遵循协议的其余部分，那么最终的结果可能是你建立了一个与流氓网络服务器的安全链接。这种安全链接可以防止外人读取加密的信息，或者防止外人修改你发送的数据，这是安全传输层协议的两个目标。但是，谁在这个链接的另一端呢?[21]你并不知道。

也许最大的挑战是，好的加密协议真的是很难被设计出来的。部分原因是各种不同组件的相互作用有时会产生意想不到的后果。举一个设计不佳的协议的例子，那就是用于保护早期 Wi-Fi 网络安全的有线等效隐私（WEP）协议。WEP 协议使用了一种名为 RC4 的流密码，在 WEP 设计之时，RC4 可以说是足够强大的。[22]

WEP 协议的设计有很多问题，但也许最关键的原因是 WEP 协议指定了一种不寻常的方法，以确保用于 Wi-Fi 信息保密性的加密密钥可以不断变化。虽然改变密钥是一种很好的做法，但 WEP 协议中使用的技术是有缺陷的。因为，只要攻击者在 WEP 协议保护的 Wi-Fi 信道上观察了足够长的时间，就可以计算出用于保护网络的主密钥，并最终破解通过它发送的所有信息。[23]WEP 协议的这个弱点并不明显，但它一旦被证明就是致命的。新型的 Wi-Fi 网络使用更精心设计的协议来保护所发送的信息。[24]为了安全起见，如果你使用的是旧的 Wi-Fi 设备，最好检查一下！

理想和现实的差距

挑选强大的算法，配以适当的密钥长度，并将其部署在完善的协议中，这是使密码学在实践中发挥作用的良好开端。但是，这不过是一个不错的起点。由于标准的出台，以及对使用最先进技术的日益重视，现代密码系统比旧系统由于设计不当而产生的弱点要少得多。然而，它们仍可能会失败。原因是，纸上的设计可以说是密码学实践过程中最简单的部分，接下来发生的事情往往更容易出错。

第一个问题是，设计和实施之间存在差距。1997 年，安全专家布鲁斯·施奈尔（Bruce Schneier）对密码学的实施提出了一些精辟的看法，这些看法至今仍然适用。

> 加密算法和计算机硬件、软件的具体实施之间存在巨大的差异。密码系统的设计是脆弱的。一个协议仅仅在逻辑上是安全的，并不意味着当设计者开始定义信息结构并传递比特时，它仍能保持安全。只是接近安全也是不够的，这些系统必须被准确、完美地实施，否则还是有可能导致失败。[25]

施奈尔的观点是，加密算法和协议是安全系统中非常特殊的组成部分。在实施过程中需要非常小心，以确保标签上描述的密码设计正是盒子里交付的密码设计。

1997 年以来，人们已经了解了许多关于构建安全设施的知识。我们对如何编写安全软件有了更多了解，对如何结合和使用安全硬件组件来加强系统的安全性也有了更多认识。但是，与此同时，虽然我们在越来越多的产品中使用了密码学，但并不是所有的产品开发人员都精通安全实现技术，或者倾向于使用这些技术。由于预算的限制和完成时间上的紧迫性，一些产品最终应用的密码学技术存在着缺陷。正如计算机安全专家托马斯·杜林（Thomas Dullien）在2018年说的那样："安全性正在提高，但不安全的计算增长得更快。"[26]

尽管充满各种智慧，但也有恐怖故事，"作战计划"的密码学和"前线行动"的密码学之间仍然存在着值得注意的差距。

微妙的盲区

1995年12月，作为一名初出茅庐的密码学研究者，我坐在阿德莱德大学一间闷热的办公室里，阅读sci. crypt的所有关于密码学的帖子，这是一个早期的互联网新闻组。在1995年，一个人仍然有可能大致了解密码学研究人员正在研究的所有主题。事实上，如果你在公共领域工作，还有可能认识绝大多数密码学专家。

真正引起我注意的帖子是独立密码学顾问保罗·科彻（Paul Kocher）写的《RSA、DH、DSS算法的定时密码分析》。科彻声称已经破解了RSA算法以及其他公钥算法。RSA被破解？他一定是疯了！所以我继续读下去：

> 我刚刚公布了一个攻击的细节，很多人会感兴趣，因为很多现有的密码学产品和系统都有潜在的风险。攻击的总体思路是，通过测量处理消息所用的时间，可以找到密钥。[27]

这让我确认科彻显然疯了。

保罗·科彻刚刚宣布了一个未知的未知。他并没有破解RSA算法。如果我们考虑到计算能力的提高从而增加了密钥长度的话，今天的 RSA 算法仍然像 1995 年一样安全。他只是在宣布：以前认为安全的 RSA 实现方式并不安全，但出现失误并不在于粗心大意。科彻宣布了用一种攻击加密算法的全新方式。这是一种向盲区发起的进攻。从那以后，密码学的实现方式不一样了。

科彻做了一件情报界以外的人都无法想象的事情。他可以接触到一个安全设备，类似于里面有一个 RSA 私钥的智能卡。对于这样的设备，任何人都不可能读取存储在上面的密钥，但可以要求设备使用该密钥进行加密计算。想想你的信用卡，你显然不希望销售人员能够提取存储在芯片上的任何密钥，但你确实希望支付终端能够使用这些密钥来处理你的交易。

这正是科彻所做的：他指示设备进行 RSA 计算，然后仔细检查接下来发生的事情。特别是他详细地测量了设备对不同密文进行 RSA 解密在操作时间上的微小差异。通过巧妙地选择要分析的密文和要测量的操作时间，科彻最终能够确定解密私钥。[28]厉害！

科彻的时序攻击开辟了一个全新的密码学研究领域。如果你可以简单地通过测量使用私钥的设备的时间来发现私钥，那么还有什么其他意想不到的方法可以发现私钥呢？这只是一个旁路攻击（side channel attack）的例子，所有这些攻击都利用密码学实施过程中的不同方面来破解密钥信息。其他例子包括详细分析设备在执行加密操作时所消耗的功率、设备发出的电磁辐射，以及设备提示错误信息的方式。[29]

大多数旁路攻击都要求拥有一个已经加密了的设备，并对其进行反复的“折磨”，直到其秘密被泄露。在过去，密码学只在某建筑物地下室的特殊房间里的巨大计算机上使用，旁路攻击似乎并不起作用。然而今天，当密码学存在于你口袋里的设备上时，旁路攻击引发了真正的威胁。攻击者如果想掌握你的设备，就可以对它进行“审问”，从而获取你的秘密。

这就是为什么有些人在对旁路攻击的有效性展开调查，而有些人在研究免受旁路攻击的方法。由于旁路攻击是微妙的，因此，掩盖秘密的方法也是微妙的。如果真的需要的话，这就更加证明了安全地实现加密是多么棘手。

如何（真的）拯救世界

电影情节第二次重现。

两名情报人员紧张地坐在一辆汽车里，在繁忙的城市街道上与时间赛跑。开车的情报人员正惊慌失措地与基地紧急通话。副驾的情报人员则是一位来自情报机构的极客分析师，他正在将一张刚刚得来的存储卡插入一台笔记本电脑。“上面是什么？”司机问。“它是加密的。”分析师回答说。“你能破解密码吗？”司机又问。分析师与键盘搏斗着，神秘的符号在屏幕上飞舞，他咬着嘴唇，慢慢呼气。分析师说道：“他们用的是 AES 加密技术。”司机回问：“你能破解它吗？”屏幕上的计时器一秒一秒地向零飞奔。分析师突然冷静地说：“有了，他们用的是出厂默认密码，真是愚蠢。”“你不能这么做！”司机抱怨道，“我们还没到有垃圾车的那个大场面呢！”

电影情节第三次重现。

“上面是什么？”司机问。“它是加密的。”分析师回答说。“你能破解密码吗？”司机又问。分析师与键盘搏斗着，神秘的符号在屏幕上飞舞，他咬着嘴唇，慢慢呼气。分析师说道：“他们用的是 AES 加密技术。”司机回问：“你能破解它吗？”屏幕上的计时器一秒一秒地向零飞奔。分析师皱着眉头，手指在键盘上噼里啪啦地敲着。嘀嗒，嘀嗒，嘀嗒……司机决定抄近路，突然右转，发现路被垃圾车挡住了。汽车急刹着停了下来，当计时器进入倒计时的最后几秒时，司机绝望地叹了口气。分析师气喘吁吁地喊："我搞定了！"司机欣慰地笑了："伙计，你真是个天才！""不尽然。"分析师回答说，"他们的电脑程序中包含了未受保护的密钥。我所做的只是看看。"

电影情节第四次重现。

"上面是什么？"司机问。"它是加密的。"分析师回答说。"你能破解密码吗？"司机又问。分析师与键盘搏斗着，神秘的符号在屏幕上飞舞，他咬着嘴唇，慢慢呼气。分析师说道："他们用的是 AES 加密技术。"司机回问："你能破解它吗？"屏幕上的计时器一秒一秒地向零飞奔。分析师皱着眉头，手指在键盘上噼里啪啦地敲着。分析师说："看来密钥是由密码生成的，给我一点时间。"嘀嗒，嘀嗒，嘀嗒……司机决定抄近路，突然右转，发现路被垃圾车挡住了。汽车急刹着停了下来，当计时器进入倒计时的最后几秒时，司机绝望地叹了口气。分析师气喘吁吁地喊："我搞定了！坏人总是喜欢用'哈维尔·巴登'这样的密码。"[30]

密钥管理不当带来的问题

良好的算法，完善的协议，仔细实施，旁路攻击隐蔽，这些够了吗？

还不够。你现在已经很清楚了，密码学依赖于密钥。事实上，假设算法的设计和实施都是正确的，密码学将保护数据的问题转化为保护密钥的问题。如果我们希望密码学完成我们希望它完成的工作，那么，我们需要非常小心地管理我们的密钥。[31]

一种思考方式是把密钥视为有生命的物体。密钥出生、生存，然后死亡。在整个密钥的生命周期中，养育密钥是至关重要的。密钥的生命周期包括一些重要的阶段。首先，密钥被生成。然后，密钥被分发到密码系统中任何需要它们的地方。接着，密钥通常被储存起来，等待被使用。在某些系统中，密钥还必须定期更换。最终，它们不再被需要，必须被销毁。

在密钥的生命周期中，所有这些不同的阶段都需要被仔细管理，因为如果其中一个阶段处理不当，密码系统就会失败。对于你家房门钥匙来说也是一样的。一把过于简单的钥匙会让任何有金属钩子的人都能晃动着打开门锁。奸诈的房产中介可能会把你家房门的备用钥匙交给犯罪团伙。如果你把钥匙放在房门旁的花盆下，那么就很有可能被别人偶然发现。如果小偷闯入你家，而你随后没有换锁，那么小偷很可能会再度光临，把你用保险赔付金购买的替换物品再次偷走。

如果密钥使用不当，会产生两个核心问题。

第一个核心问题是，旨在保密的密钥可能会被人知道。在我们虚构的电影情节里，拯救世界的三种方式都是利用在密钥生命周期中不同阶段的密钥管理失误造成的密钥泄露。第一种是没有妥善生成密钥，比如使用弱密码。第二种是没有妥善存储密钥。第三种是没有及时更新密钥。[32]在密钥的生命周期的任何阶段，未能对密钥进行周全的保密，导致的结果都可能是灾难性的。保护密钥的需求是直观的，因为物理钥匙也是如此。

第二个核心问题是，加密密钥的目的可能并不是你想象的那样。例如，一个密钥可能并不属于你认为的那个人。这个问题不太容易用普通钥匙来举例，让我试试吧。

假设你是一个在逃的犯人，你遇到了一个熟人，他说可以给你提供一个过夜的地方。这个熟人给了你一把钥匙和该钥匙对应的地址。

你找到房子，打开门，发现自己在当地警察局的前台。你这才知道，这个熟人其实是一个卧底警察！这种情况一般不太可能发生。

除非，你没有看到建筑物上亲切的“警察局”标志，也没有注意到周围停放的警车，这种情况不太可能发生，因为实物钥匙需要实物交接，而周边的情况对钥匙的用途提供了一定的保证。比如当汽车销售人员把新车的钥匙交给你，并指给你看停车场里一辆闪闪发光的宝马车时，你有很多理由相信这一定是这辆新车的钥匙。是的，也有可能你会发现这把钥匙打不开宝马车，在按钥匙时，停在旁边的一辆锈迹斑斑的面包车却闪烁着灯光，一副欢迎你的样子。这种情况虽有可能发生，但往往不会发生。

密钥是网络事物，缺乏物理环境。当你链接一个远程网站，网站服务器向你提供它的公钥以建立一个安全的通信通道时，你怎么知道这个公钥真的属于该网站呢？[33]当一个朋友发邮件给你，让你给他回复加密信息时，你怎么知道攻击者没有截获他的邮件并把你朋友的密钥替换成攻击者的密钥呢？当你从卢里塔尼亚的一家公司购买了一个廉价的加密小工具时，你怎么知道这个密钥是不是也存储在卢里塔尼亚的政府数据库中呢？

密钥管理的主要目的是确保密钥的安全，并确保我们在正确的事情上使用正确的密钥。密钥管理可以说是密码学在实际系统中最困难的部分，因为它是密码学技术本身与需要使用它的组织、个人之间的接口。

好密钥，坏密钥

密钥生成也许是最敏感的密钥管理过程。由于对称加密和非对称加密之间略有不同，我将分别讨论这两种情况。

对称加密算法的安全性是基于对称密钥已经生成的假设。这个想法有两个问题。

首先，以随机方式生成密钥是很困难的。事实上，“真实随机性”这个想法往往会让哲学家和物理学家陷入疯狂的争论中，我将在本书中很好地避开这一点。[34]真正的随机数，即所谓的非确定性随机数，通常需要一个“自然”的物理源。生成非确定性随机数的一个最典型的方法是抛硬币。先假设硬币和抛硬币的人都是没问题的，每次抛硬币都是一个独立的物理事件，有同样的概率产生正面或反面结果。这是一个生成随机密钥的好方法，因为比如说正面可以用 1 编码，反面可以用 0 编码，密钥中的每一个比特都将独立于它前后的比特。[35]不过对于大多数密码学应用来说，这是一个完全不切实际的方法。你想从我的网站上买东西吗？请你先将一枚硬币抛 128 次，以生成一个 AES 密钥，好吗？

好在非确定性随机数可以通过各种方式从物理源产生，而且不需要人为干预。这些包括从白噪声、大气、物理振荡和放射性衰变等源头进行测量，然后将这些测量结果转化为 1 和 0。[36]这些方法都是有效的，只是略显烦琐。如果你有机会接触到这样的物理设备，并能从中提取出“真实随机性”，那真是再好不过了，但如果没有，会发生什么呢？

生成非确定性随机数还有一个缺点，就是你不能用某一种技术在两个不同的地方生成两个相同的随机密钥。事实上，非确定性随机数生成的要点就是这种情况不会发生。抛硬币是产生随机性的一个好方法，因为抛硬币的结果不可预测。然而，在两个不同的地方生成两个相同的密钥，恰恰是我们在应用对称密钥时所希望做到的。打个比方，当你拨打电话时，你的手机和你的移动网络运营商都会立即需要一个你们都知道的密钥，以便对你的通话进行加密。

当一件事情变得异常困难的时候，人们一般会怎么做？当然是作弊。正如前面讨论的那样，一个好的加密算法的输出值应该是看似“随机”的，所以密码学本身就是“随机性”的潜在来源。当你拨打移动电话时，你的手机和移动网络运营商都会使用特定的加密算法来生成一个新的“随机”对称密钥，用于加密你的通话。手机和运营商共享存储在你 SIM 卡上的长期对称密钥（很可能是非确定性随机生成的）。这个长期密钥被用作加密算法的输入值，然后由此输出一个新的共享密钥。手机和运营商使用相同的输入值和相同的确定性算法来生成相同的密钥。因为生成过程是确定性的，可以在两个不同的地方重复，而它其实并不是真正的随机性，相反，它是一种假随机性，也被称为“伪随机性”。

随机性可能是假的，但伪随机生成的密钥对于大多数密码学应用来说已经够用了。由伪随机数生成器生成的密钥（用于创建密钥的加密算法）有可能和抛硬币生成的密钥一样，让攻击者难以猜测。但只是潜在的难以猜测。

多年来，使用糟糕的伪随机数生成器一直是密码系统的一个弱点，这个弱点可以被归结为疏忽。我们经常看到安全产品宣传自己使用了“最先进的 AES 128 比特加密技术”，但很少看到它们自夸某个密钥是如何生成的。一个糟糕的伪随机数生成器甚至不会生成一个看似随机的密钥。攻击者在分析这样的生成器时，很可能会发现密钥根本就没有被生成，或者某些密钥比其他密钥更经常被生成。如果你是一个想要实施穷举密钥搜索的攻击者，这可是一条非常有用的知识！[37]

如前所述，由于大的随机数不容易被记忆，有时用于伪随机生成密钥的技术是从密码中推导出来的。你输入密码，然后用伪随机数生成器将这个密码转换成一个密钥。如果你不够小心，就会出现各种各样的问题。例如，从普通密码中得到的密钥可能比其他密码更容易生成，而从极不寻常的密码中得到的密钥可能永远无法生成。解决的办法，和以往一样，是使用目前最先进的工具。在这种情况下，密码学家们设计了特殊的密钥推导函数，这是专门为密码转换生成密钥而设计的算法。[38]

非对称加密密钥生成更加复杂，因为非对称加密密钥不是简单的随机数。每个非对称算法的规范都包含了如何生成必要的密钥信息。如果这个规范被遵守，那么一切都没有问题。但遗憾的是，人类是出了名的不善于遵循规则，尤其是当规则看起来很复杂的时候。调查显示，在很多情况下，开发者根本没有遵循这些规范，从而导致没有妥善生成密钥。研究表明，互联网上大量的 RSA 公钥共享某些属性（更准确地说，它们共享素数），使其变得不安全。[39]这不是巧合，恰恰说明了某些密钥生成的过程是存在明显缺陷的。

现在，大多数人都不再设计自己的加密算法了（这个道理终于被大多数开发者接受了），然而，只有聪明的人，才能抵挡住在信封背面画出自己密钥生成方法的诱惑。

把正确的密钥送达正确的地方

密钥分发是密钥管理中最关键的阶段之一，我在前面已经详细讨论过了。密钥分发就是要把正确的密钥安全地送达正确的地方。

把正确的密钥送到错误的地方显然是一件坏事。因此，在密钥分发上值得投入相当大的精力，而且需要应用许多不同的技术。如前所述，对于某些应用来说，密钥是在制造过程中被分发的，因为某些密钥是需要预装在设备上的（例如手机 SIM 卡和车钥匙等）。在其他情况下，密钥的分发非常简单，因为需要共享密钥的设备在物理上必须是相互接近的（例如你看着 Wi-Fi 路由器背面的密钥，并将其输入需要连接 Wi-Fi 的设备）。在中心化管理的系统中，密钥可以通过严格的流程和控制来达到安全分发的目的。银行在为 ATM 硬件和客户银行卡等分发密钥时，就有着高度安全的程序。

一旦一个密钥被分发给两方，使用密钥推导函数从原始密钥中伪随机地推导出新的密钥就可以避免密钥被进一步分发。你的移动网络运营商向你分发了一个嵌入在你购买的 SIM 卡中的密钥。每次你拨打电话时，都会生成一个新的密钥对通话进行加密，这个新的密钥就来自你 SIM 卡上的密钥。由于你和移动网络运营商彼此都知道原始密钥，你们可以分别从中获取相同的新密钥，不需要再进一步分发。这个新密钥仅被用于加密通话，通话结束即被丢弃。当你下一次打电话时，又会从 SIM 卡上的原始密钥导出另一个一次性的新密钥。[40]

当通信双方处在像互联网这样的开放系统中，密钥的分发就更具挑战性了。我的意思是说，通信双方可能彼此相距甚远，甚至此前没有业务联系，在这样的情况下分发密钥更具挑战性。例如，当你在网店买东西时，当你与新的联系人交换社交媒体信息时，都属于这种情况。如前所述，这种情况正是人们使用非对称加密的动机。混合加密提供了一种在非对称加密保护下分发对称密钥的手段。另一种在此情况下分发密钥的著名技术就是“迪菲 - 赫尔曼密钥协议（Diffe-Hellmalm key agreement）”，[41]即双方可以各自向对方发送一个公钥，然后从中获得一个双方共同持有的私钥。

阻止正确的密钥前往错误的地方只是解决了密钥分发问题的一半，同样要解决的问题还有阻止错误的密钥进入正确的地方。在讨论非对称加密的问题时，我就指出确保公钥与其所有者的身份正确关联是至关重要的。如果没有这种关联，犯罪分子可能会创建一个与合法网站看上去一样的复制品，并向你提供该犯罪分子的公钥，而不是真正合法网站的公钥。当你试图在网站上付款时，犯罪分子就会借机窃取你的银行卡信息。你需要做些什么来确保网站提供的公钥属于你认为的那个网站呢？

将一个公钥与它的所有者联系起来的标准工具叫“公钥证书”。公钥证书是一个简单的声明，就像你家里墙上挂着的所有其他证书一样。在我家，我有以下证书。

> 凯拉以优异的成绩通过了吉他二级考试，特此证明。
>
> 芬利听讲认真获得了班级奖，特此证明。
>
> 雷蒙完成了它的成年犬训练班，特此证明。

公钥证书基本上是这样写的：网站 www. reallycheapwidgets. com 的公钥是 X，并且 X 是一个有效的公钥，不过我不会写出它的全部内容，特此证明。[42]

证书说得很冠冕堂皇，但背后的问题是：“谁说的？”我墙上的第一张证书，来自英国皇家音乐学院联合董事会的首席执行官；第二张来自圣卡斯伯特小学的校长；第三张来自宠物用品专业培训的莎拉·希克莫特理学士。谁说的？某位重要人物，我们应该知道的人。所有这些当事人在他们的领域都应该具有一定程度的权威性。

同样，公钥证书也需要由值得信赖的人创建，以确保公钥与其所有者之间关联的正确性。在网络空间中，这一角色由证书颁发机构扮演，它可以是一个官方机构（如政府），也可以是这种认证服务的商业供应商。[43]任何依赖公钥的人都应该信任证书颁发机构。因为如果你不相信证书颁发机构已经完成了验证工作，那么你就不该相信证书中的信息。就是这么简单。

一个常见的错误就是对证书的存在做过多的解读。一张证书只能证明它所陈述的内容，仅此而已。芬利在学校可能是个超级听众，但这意味着他在家也是超级听众吗？雷蒙参加了训狗班，但它真的学到了什么吗？反正我只知道它爱吃奶酪。网站 www. reallycheapwidgets. com 的公钥是 X 这个简单的事实并不意味着该公钥在某一日期之后仍然有效，或者可以被用来加密金融数据以及其他任何东西。公钥证书往往包括其他相关数据，以解决其中的一部分问题。然而，即使是更详细的公钥证书也只是一则与公钥相关的事实，它并不能为更深层次的问题提供什么证明，例如公钥是否在一开始就被安全生成了。[44]

归根结底，证书的好坏取决于用于保护其信息的完整性机制。凯拉的证书有水印，印在高贵的羊皮纸上，并附有各种官方标志的装饰（另外两张纸质证书上有彩色的蜡封图）。公钥证书需要一个加密数据完整性的解决方案。证书颁发机构通过对公钥证书进行数字签名，将公钥证书中的所有信息进行封存。任何依赖公钥证书中信息的人都需要验证这个数字签名，以确认内容的完整性。要做到这一点，他们需要用于验证证书颁发机构数字签名的公钥。由于他们需要确定这个公钥是真的与证书颁发机构关联的公钥，所以这个公钥也需要通过公钥证书与证书颁发机构进行链接确认。那么，这时该由谁来签名呢？

当你在 Really Cheap Widgets 等网店买东西的时候，公钥证书的事情主要是由你的网络浏览器为你处理的。在成为网店之前，Really Cheap Widgets 会被要求从一个公认的证书机构里获得一个公钥证书。这个证书机构的公钥本身也需要经过上级证书机构的认证。最终，一个根证书机构验证它的公钥证书并安装在你的网络浏览器中。[45]当 Really Cheap Widgets 将其公钥证书发送到你的网络浏览器时，浏览器会验证所有相关证书。如果一切正常，你的交易将顺利进行。如果其中一个验证失败，那么你的浏览器可能会发出一个警告信息，询问你是否继续交易。这则警告信息主要是在告诉你，浏览器不能保证你此时正在与真正的 www. reallycheapwidgets. com 进行交易。是否继续，由你来决定，但谨慎起见，你最好终止链接。[46]

现在我们的讨论已经偏离了公钥管理的范围，足以说明使用公钥证书来确保公钥真正所有者的整体思路。这也足以说明，公钥认证是一个棘手的业务，其中有许多管理过程需要被考量和实施。我还没有谈到证书颁发机构如何确定公钥的所有者，我也没有讨论如果公钥证书中的信息需要更改会发生什么。支持公钥证书需要围绕公钥证书的整个基础设施来解决这些问题。[47]

密钥分发工作有其挑战，但同时也有着许多不同的解决方案。我们每天都在使用密码学，在精心选择和仔细实施的过程中，这些不同的解决方案都将发挥作用。

超越密码学

想想数据在加密过程中会发生什么。数据……数据……（加密——砰!），加密的数据……加密的数据……（解密——砰!），数据……数据……换句话说，在第一个“砰”和第二个“砰”之间的数据是受加密保护的。但在第一个“砰”之前或第二个“砰”之后，数据并没有被加密保护。

这很明显吧？数据在没有被加密的时候是没有被加密的。这是多么惊人的发现啊！其实，密码保护的其中一种常见失误就是没有意识到数据在某时某地正以未加密的形式暴露着。

保护端点安全的重要实践就是使用 TLS 协议来保护网络连接。如果你要从一家网店购买产品，你几乎肯定会在结账的时候使用 TLS 协议来加密交易细节。TLS 协议会为你的网络浏览器和网店的网络服务器之间的数据进行加密，例如你的银行卡信息。不过，从你在键盘上输入数据开始，它不负责对这些数据进行加密。此时，这些数据可能存储在临时内存中，也可能存储在你计算机的某个角落。任何站在你身后的人都可以在你打字时偷窥这些数据，任何能够访问你的计算机或能够在你的计算机上运行程序的人都有可能窃取这些数据，任何在你的键盘上安装了键盘记录器来记录你的击键顺序的人也有可能获取这些数据。在网络服务器端，天知道谁能访问你的数据。一些网站会将你银行卡的详细信息存储在数据库中，这也意味着，任何能够访问数据库的人都有可能获得这些信息。虽然网店应该会非常小心地用加密技术保护这些数据，但你永远无法确定你的信息是否真的安全。[48]

数字取证调查人员在遇到加密数据时，不会轻易放弃而打道回府。他们非常清楚，无论在加密前还是在加密后，数据往往就在那，在一个意想不到的地方等着被你发现。一个天真的人想把一些数据藏在自己的笔记本电脑里，他可能会将该文件加密，删除原来的文件，然后在目录中只留下一个显眼的加密文件。然而，删除一个文件并不代表销毁，它只是打破了文件本身和电脑定位标签之间的数字关联。一个有所图的人完全可以在你的笔记本电脑上翻来覆去地找回那个没有标记“已删除”文件。[49]

正如前面情报人员为了拯救世界而疯狂工作的第三次拍摄那样，另一个可能会被粗心大意地暴露在终端上的信息就是密钥。存储密钥的最佳方式是将其安置在安全的硬件中，比较轻量级的是智能卡（银行卡、SIM 卡），更重磅的是计算机硬件安全模块，它是存储和管理密钥的专用设备。[50]从计算机硬件安全设备中提取密钥是很困难的。然而，如果一个应用程序采取了更懒惰、更糟糕的方式将密钥直接存储在软件中，那么只要对终端进行详细分析就有机会找到密钥并解密。

计算机安全专家吉恩·斯帕福德（Gene Spafford）有句名言："在互联网上使用加密技术，就相当于安排一辆装甲车，把信用卡信息从住在纸箱里的人送到住在公园长椅上的人手中。"[51]

加密是有用的，但对于你在网络空间所做的大部分事情来说，你就像在公园的长椅上。

我们这种碳基生物的安全

众所周知，网络安全专家经常这样说，人类是任何安全系统包括密码系统中"最薄弱的环节"。[52]这种说法似乎意味着大多数安全事故都是由于使用系统的人类的粗心或愚蠢造成的。你选择了最好的加密算法，完美地实施它，以最高标准管理密钥，然后发生了什么？一些愚蠢的人把密钥抄在便签纸上，贴在了屏幕上。

唉，这种情况也有可能发生。然而，人类是密码系统中最大弱点的说法，引起了相当大的争议。在这种情况下，谁在为谁服务？抛开可怕的未来不谈，至少目前来看，大多数技术都是为了人类的利益而设计的。如果说人类让科技失望了，这几乎是在暗示人类在科技面前就像一条狗一样摇尾乞怜。更为根本的是，如果人类和密码系统之间存在一些容易出问题的交互点，那么系统应该被设计得能够有效对抗这个弱点。人类应该管理好密码系统中的人机交互部分，而不是在一旁哀叹。

在密码系统的终端，人类用户可能会引起怎样的密码灾难？用户在安全系统上加密文件，并将未加密的副本保存在存储卡上，然后将其丢失在回家的公共汽车上。他们不对敏感材料进行加密，或者无意中关闭了加密功能。他们会把用于推导加密密钥的密码写下来，他们将含有密钥的智能卡（银行卡、员工卡、身份证）借给朋友，他们在笔记本电脑上加密数据，然后丢失密钥，他们在去吃午饭前让无人看管的加密设备保持登录状态使得路过的人可以肆意使用。真是太傻了，那该怎么办呢？

错误和无能是生活中的事实。到目前为止，处理这类风险的最好方法是采用完全没有人机交互部分的加密技术。手机通话安全就是一个很好的例子。你输入号码，线路就接通了。加密技术是在哪个环节进行的呢？好吧，它自动做了，这中间不需要你的参与。许多其他日常技术也是如此，比如互联网信息服务。加密的发生，可以是预设的，不需要人为干预。

将密码学做得如此天衣无缝的一个小风险是绕过了人。虽然阻止了人机交互，但从安全角度来看这也许是可取的。例如，在你的车钥匙和车门之间运行的隐形加密技术，除了将车钥匙放在口袋里，对你没有任何要求。这就为人类滥用密码学留下了很小的操作空间，并且在一定程度上增强了灵活性，因为你可以允许其他家庭成员借车，你只需将钥匙借给他们，然而，这也意味着任何偷了你车钥匙的人都可以打开你的车门然后驾车离去。

在访问你的网上银行账户时，你应该也不会希望你本人完全置身事外。这就是为什么启用支持网上银行的加密服务时通常需要进行人机交互，一般是通过出示个人识别码、密码、生物特征、手机验证码等。这些方式将密码学的使用与人类行为联系起来，而不是简单地通过智能卡或身份验证等安全令牌来加强安全性。然而，由于涉及人类，这也为系统引入了一个新的弱点：人可能会丢失东西、忘记东西、选择错误的东西或把东西送给别人。

自动加密技术也会带来一些隐藏的问题。举个例子，假设一个公司的政策从允许员工对自己的电脑进行选择性加密，转为通过一个中心化的系统对所有员工的电脑进行统一加密。这种强制执行似乎解决了信息经由未加密电脑泄露的问题。但是，它引入了一个潜在的、更严重的漏洞，即如果公司决定使用一个主密钥来加密每台电脑的密钥，那么一旦这个主密钥暴露，所有电脑上的信息都面临着被泄露的风险。[53]

另一个例子是，使用自动加密技术可能会导致用户在对待信息时更加粗心大意。如果他们的手机在调查中被扣押，未加密的数据极有可能会被提取。具有讽刺意味的是，预设加密这件事可能会导致需要被加密的信息数量少于正常情况。

不过有时候我们别无选择，只能让人类参与加密过程。你可能不会对每封电子邮件的附件进行加密。但是偶尔，你可能想发送一个加密的附件。在这种情况下，你需要以某种方式激活加密功能，你可以使用电子邮件的扩展软件或计算机上的专用加密工具。这种激活需要你自己去做一些事情。可惜的是，对于那些不太了解计算机或密码学的人来说可能很难使用加密产品。[54]此时用户可能会被迫放弃加密数据的尝试，在专业术语和神秘指示中迷失方向。人类不应该被一概而论地视为最薄弱的环节，但一个困惑的人完全有可能成为薄弱的环节。

密码学是为人类服务的，而不是相反。在一个安全的密码系统中，加密机制和人类之间的互动应该在前期设计中被仔细考虑，要么尽量减少人机交互的步骤，要么对相关步骤进行明确的解释。[55]密码系统中真正薄弱的环节是没有考虑到人机交互。

让密码学发挥作用

鉴于以上介绍的各种潜在失败风险，我们就理解了为什么有人认为密码学在实际上发挥作用是不可能的。吸收这些教训很有意义，但这个结论也不完全公正。搞好密码学并不容易，但只要足够细心，密码学还是可以发挥作用的。

这当然值得去尝试。有些人认为，没有密码学比糟糕的密码学好，因为一个糟糕的密码系统，无论它失败的原因在哪里，都会造成一种危险的伪安全感。[56]在大多数情况下，这个论点很难反驳。然而，虽然密码学很难做到极致，但尝试做好它的理由肯定比未开始就放弃的理由更充分。毕竟，即使是使用恺撒密码，也能使你的秘密不被大多数人知道。

密码学也有积极的一面。从社会整体角度来看，我们在设计加密算法和协议方面越来越成熟了。我们已经改进了安全设计技术和安全实施技术，我们已经制定了安全管理密钥的标准，我们在部署密码学方面也变得更有经验了，我们不断地从过去的失败中吸取有用的经验教训。总的来说，我们知道如何使密码学发挥作用，我们需要做的是好好实践我们已经知道的东西。要使密码学发挥作用，需要充分考虑围绕加密算法和密钥的更广泛的密码系统。我们需要把这个系统的每一个部分都做好。没有什么比爱德华·斯诺登在2013年揭露我们在网络空间使用密码学的各种失败更令人清醒的了。无论你对斯诺登所作所为的看法是什么，他的揭露都引人深思：任何试图破解加密保护的人，在密码系统中的某处找到一个弱点即可。有很多潜在的“某处”，而这个“某处”很少是密码学本身。

第八章

密码学的困境

在密码学能提供的所有安全性机制中，加密是最具社会性的，因为它可以为信息提供保密性。我们不仅希望拥有自己的秘密，而且至少在某种程度上都渴望了解他人想要保守的秘密，但是，随着时间的推移，评价哪些内容应该保密、哪些不应该保密的标准变得既不客观也不稳定。我们大概都认同个人财务数据应保密，但是，一家被指控大规模逃税的公司的财务数据应该保密吗？这种类型的冲突造成了社会性的两难问题，在使用加密技术的问题上不断引起社会风暴。

淘气的加密技术

我希望你会同意这个观点，密码学是非常有用的。通过提供安全的基础，它使我们能够在网络空间做一些令人惊奇的事情。但密码学并不总是良性的。这里有六种潜在的不受欢迎的情况。

第一，你很清楚不受保护的数据的危险性，所以你在去度假之前就把笔记本电脑上的所有数据加密了。在阳光下晒了 3 周后，你回来了，经过休假你感到精神焕发。不幸的是，你是如此神清气爽，以至于想不起用于导出解密数据的密钥的口令。没有口令就没有密钥，没有密钥就没有数据。

第二，你打开家里的电脑，迎接你的是这样的信息："哎呀，你的文件已经被加密！你的文件、照片、视频、数据库已经无法访问。不要浪费时间去寻找你的文件。如果没有我们的解密服务，没有人可以恢复它们。你有 3 天的时间来支付比特币赎金，之后你将无法恢复你的文件——永远。"真是灾难！你已经被勒索软件（ransomware）感染了，一个讨厌的计算机程序已经加密了你所有的文件，现在有人要求你支付赎金以换取恢复文件所需的解密密钥。[1]

第三，你是一名网络管理员，你已经设置了一些规则来管理允许进入你的网络的互联网流量类型。你有一个网站地址、关键字和恶意软件的黑名单。任何来自外部的链接都会被检查，看它们是否与黑名单上的任何东西有关，如果有关，就会被阻止接入。但是有一天，你发现一个已知的恶意软件正在感染你系统上的许多用户。它是如何通过你的检查的呢？显然，它是经过加密的，使得它的真实性质很难被识别，这才让它从你的防护网中溜进来了。

第四，你是一名侦探，正在调查一名被指控谋杀的嫌疑人。你查获了嫌疑人的手机，你认为手机上有一些罪证照片。不幸的是，存储在手机上的图片是无法访问的，因为嫌疑人已经加密了它们。你确信这些图片对证明案件至关重要，但你就是看不到它们。[2]

第五，你是一名警方调查员，你查获了一个存放有儿童色情图片的网络服务器，你可以从日志中看到，这个服务器每天都有大量的访问者，你想将他们绳之以法。不幸的是，这些访问者都在使用加密的洋葱网络，使你很难追踪他们的来源。他们是谁？

他们在哪里?[3]

第六，你是一名情报人员，正在监视一个恐怖活动嫌疑人小组。你设法获取了其中一个目标的手机通信记录。嫌疑人通信使用的是以密码安全著称的互联网信息服务。你可以看到嫌疑人与该小组的另一名成员经常联系，但你无法获取他们谈话的细节。[4]

从这六种情况可以看出，其实密码学只有两个功能是有问题的。保密性让每个人都可以隐藏自己的数据，但这里的“每个人”也包括勒索者、谋杀犯和恐怖分子。匿名性让每个人都无法在网络空间中被追踪，但这里的“每个人”也包括虐待儿童的人。当密码学登上新闻时，往往不是关于哈希函数、消息验证码、数字签名或完美密码，相反，当关于密码学的争论沸沸扬扬时，人们总是关注加密的使用，因为加密不仅可以保护秘密，而且可以用来建立提供匿名性的技术，如洋葱网络。

加密的两难问题

让我们来解读一下这六个加密场景背后的问题。其实前三个和后三个有很大的区别。

第一种情况是唯一一种与意外有关的情况，而不是故意的行为。你忘记了解密磁盘所需的密码。这种失误可能是灾难性的，但密码学有错吗？我不这么认为，这是你的失误。加密磁盘的好处多于坏处，但它确实有一个注意事项，那就是你需要能够记住密钥，以便恢复你的数据。这个密钥是如此重要，以至于你必须制定一个流程来确保你不会丢失它。如果你很容易忘记密码，你可以把这个密码安全地存储在一个单独的设备上，或者写下来并存储在物理世界里安全的地方。这种情况并不是密码学本身的问题。[5]当发生事故时，我们往往不会怪罪汽车，犯错的是驾驶员。

第二种情况下的罪魁祸首——勒索软件，是密码学造成的问题。如果没有密码学，就不会有勒索软件。类似地，如果没有电，就不会有触电事件。但是，电的价值远远超过了广泛用电所带来的危险因素。同样，我也认为，加密的好处远远超过勒索软件带来的问题。此外，对于勒索软件，是有破解之道的。就像对其他类型的恶意软件一样，我们可以采取许多预防措施，如定期备份、保持系统更新、安装和维护防病毒软件，以及教育用户不要点击未经许可的链接和附件，都可以大大降低感染勒索软件的风险。虽然加密技术可以用来对付你，但你也可以采取简单的措施来防止坏事发生。

加密技术有时会给网络安全带来麻烦。在第三种情况下，一种可能的预防措施是检查任何似乎是加密的传入数据，与对待黑名单项目一样的怀疑程度对待它们。[6]这样就可以识别出加密技术的合法用途，并允许其通过。让我们面对现实吧，要保护一个网络不受网络空间所有恶意攻击的影响是非常困难的。即使是没有接入互联网的高度安全的网络，如果有人在移动存储上手动引入恶意软件，也会导致其被感染。[7]网络的管理方式应该是确保使用加密技术是一种防御，而不是威胁。

后三个加密场景背后的问题是完全不同的。它们的特点都是“坏人”（嫌疑人）使用加密技术。然而，他们使用加密技术的目的与你所做的事情相同。

嫌疑人对手机上的照片进行了加密，就像你可能做的那样（大多数现代手机默认对所有存储的数据进行加密，如果你的手机被盗，可以保护你的隐私）。

虐待儿童者使用洋葱网络来接入图像服务器以保留其匿名性。有许多不同的原因使你可能很合理地希望使用洋葱网络。也许你自己不是一个隐私保护主义者，并且认为任何在网络空间中匿名的人都不是什么好人。但是，如果你是一名调查记者或举报人，或者你是为执法部门工作，你该怎么办?

恐怖分子使用的是加密信息，所以没有人能知道他们的对话细节。那你呢? 你是否高兴任何人（不仅是政府，还可能是你的朋友）都有可能通过使用消息服务来读取你的每一次对话? 今天，消息服务越来越多地使用最先进的加密算法对所有对话进行默认加密。你想不对信息进行加密才更需要努力。

问题在于，对于任何性质的数据，加密都是有效的。这些加密的“坏人”都在做你可能很合法地想做的事情。因此，加密的使用给社会带来了一个两难的局面。一方面，如果社会允许广泛使用加密技术，那么加密技术将被用于保护与非法活动有关的数据。另一方面，如果社会以某种方式试图限制加密的使用，那么诚实的公民保护与合法活动有关的数据加密就可能失败。[8]

加密技术是否该被限制

社会是否应该做点什么来控制加密技术的使用? 有许多不同的观点，而且我觉得争论会一直存在。

对于采取行动控制加密技术使用的理由，某些权威人士一直在热烈地争论。2014 年，伦敦大都会警察局（英国最大的警察部队）前负责人伯纳德·霍根-豪爵士（Sir Bernard Hogan-Howe）对执法人员警告道：“我们的通信设备和方法所使用的加密和保护技术水平，正在使警方和情报机构保护人们安全的努力受挫。互联网正在成为一个黑暗和无人管理的空间，在这里，有人在交换虐待儿童的图片，有人在策划谋杀，有人在推动恐怖阴谋。在一个民主国家，我们不能接受任何空间，无论是不是虚拟的，变成一个可以毫无顾忌地犯罪的无政府状态。”[9]

2015年，时任美国联邦调查局局长的詹姆斯·科米（James Comey）提出了类似的担忧：“当我们所有的生活都变得数字化，加密的逻辑是我们所有的生活都将被强加密覆盖，因此我们所有人的生活，包括罪犯和恐怖分子以及间谍的生活，都进入一个法院命令的程序完全无法覆盖的地方。我认为，这对一个民主国家来说应该是非常值得警惕的。”[10]

美国参议员汤姆·科顿（Tom Cotton）更是强硬地表示需要采取行动，反对无限制地使用加密技术：“端到端加密问题不仅仅是一个恐怖主义问题，它也是一个贩毒、绑架和儿童色情问题。”[11]

与此相反，其他一些人则直言不讳地表示需要广泛使用加密技术。联合国人权事务高级专员扎伊德·拉阿德·侯赛因（Zeid Ra'ad Al Hussein）在回应对使用强加密技术的广泛关注时警告说：“加密和匿名是言论和意见自由以及隐私权的必要手段。没有加密工具，生命可能会受到威胁。”[12]

美国记者兼女商人埃瑟·戴森（Esther Dyson）在1994年写道：“加密……是自由人的强大防御武器。它为隐私提供了技术上的保障，无论政府由谁来管理，很难想象还有比这更强大、更危险的自由工具。”[13]

计算机科学教授和密码学家马特·布拉兹（Matt Blaze）表达了许多学术研究人员共同的观点：“加密技术确实会让某些犯罪调查变得更加困难。它可以使某些调查技术失效，或者使人们更难获得某些种类的电子证据。但它也能防止犯罪，因为它使我们的电脑、我们的基础设施、我们的医疗记录、我们的财务记录，在面对犯罪分子时更加可靠。

它可以防止犯罪。”[14]爱德华·斯诺登更简洁地表达了这一观点：“我们不应该将加密视为神秘的、黑色的艺术。它是一种基本的保护手段。”[15]

分一口加密蛋糕

一个大问题是，我们是否能从加密提供的安全保护中获益，同时在特定情况下，我们仍有办法消除这种保护。换句话说，我们能不能分到一口加密蛋糕呢？

一些权威人士认为我们可以。这种观点往往是在需要平衡相互冲突的目标的语境下提出的。例如，一些通信服务软件需要在普通用户的安全需要与使用其服务来支持不良活动的客户的隐私之间进行平衡。英国前内政大臣安伯·拉德（Amber Rudd）认为需要“平衡加密和反恐的需要”。[16]英国政府通信总部（GCHQ）前主任戴维·奥曼德爵士（Sir David Omand）曾评论说，他认为英国在（国家）安全和隐私之间取得了大概率正确的平衡，“2017 年是和解之年，在这一年里，我们认识到作为一个成熟的民主国家，有可能同时拥有足够的安全和足够的隐私”。[17]

有这样一种“平衡”的想法可能很诱人，呼吁这样做的人肯定是出于好意。但是，平衡加密的使用意味着什么？衡量的单位是什么？我们如何知道何时达到了平衡状态？由谁来决定？也许最重要的是，这种平衡在技术上是否可行？

从另一个角度考虑这个问题，加密技术长期以来被认为是一种两用技术。这个词承认，某些技术既可用于普通人，也可用于军事领域。更广义一些，这些技术既可用于做好事，也可用于做坏事。密码学被加入一个名声赫赫的列表，其中包括各种核材料、化学过程、生物制剂、热成像、夜视摄像机、激光和无人机，而所有这些技术都给社会带来了难以权衡的收益和代价。两用技术往往受到政府的各种管制。[18]

两用标签是相当笼统的，我认为这个标签对于密码学问题是无用的。它表明，这种技术在政府科学家手中是安全的，但应尽一切努力防止它被恐怖分子获得。这对高浓缩钚来说可能是正确的，但加密技术呢？曾几何时，这种说法还有一定道理，因为当时的加密技术主要用于军事领域。但在今天，当密码学成为每个人在网络空间的安全基础时，如何判断谁使用强大的加密技术来保护自己的数据是合适的？

在我看来，密码学与安全带的相似之处多于与炸弹的相似之处。恐怖分子开车进行攻击时可能会像我们其他人一样系上安全带。因此，安全带拯救了恐怖分子的生命，但很少有人会认为我们不应该继续努力使安全带更加有效。密码学对多数人的好处远远超过少数人使用密码学的弊端。

今天，加密技术的使用可能比以往任何时候都要多，但它并不是一项新技术。同样地，自从加密技术被广泛使用以来，有关使用加密技术的激烈争论也一直不停。[19]这样的回顾不仅表明，所有“平衡”使用加密的尝试充其量只是临时性的解决办法，最终会被技术进步所抛弃，还表明大多数这样做的技术都不可避免地存在问题。[20]

密码系统的“矛”与“盾”

当权威机构要求用某种方法来规避数据的加密保护时，我们要非常清楚它们的要求是什么。在正常情况下，密码系统应该足够安全以保护数据。换句话说，就所有实际意图和目的而言，密码系统应该是不可破解的。然而，在特殊情况下，应该有某种手段可以访问使用密码系统加密的数据。这实际上是在要求有一种已知的手段，通过这种手段可以“破解”密码系统。这种设计从一开始就存在问题。[21]它要求的是一个“不堪一击又牢不可破”的密码系统。

回顾一下，有许多不同的方法可以破解一个密码系统。一个“攻击者”，在这种情况下，让我们假设它是一个合法的权威机构（我将宽泛地称为“国家”），可以利用密码系统的任何侧面来破坏它。可能被利用的侧面包括底层加密算法、代码实现、密钥管理或端点安全性。事实上，正如我们将很快看到的那样，所有这些方法在过去都被使用过。

在大多数情况下，一个通常无法被破解的密码系统可以被破解，这似乎是自相矛盾的。然而，如果国家的能力与密码系统的“普通用户”的能力之间存在着严重的不平衡，那么这种想法至少是可以想象的。[22]这种不平衡可能体现在知识（密码学或系统设计）、计算能力或执行行为等方面。如果国家可以做一些普通人做不到的事情，那么不堪一击又牢不可破的密码系统至少是有可能实现的。

假设认为国家相对于其他所有人而言都有这样的优势，并设计了一个可以利用这个优势来破解的密码系统，不管它是如何工作的，我们暂且把这种攻破牢不可破的密码系统的能力称为“魔杖”。这个密码系统的用户可以使用加密技术来保护他们的数据，相信它足够强大，可以对所有潜在的攻击者提供保密性。然而，如果用户成为合法的调查对象，国家就可以挥动魔杖，然后明文就会暴露出来。

这种魔杖的设想引起了许多问题。让我们抛开所有棘手的社会问题，包括跨境司法管辖的问题，我们先来接受国家需要一根魔杖的设想。让我们也忽略无数的程序和实施方面的问题，相信国家会负责任地挥动魔杖。到目前为止，剩下的最重要的问题是，既然魔杖存在，我们能确定没有普通人可以挥舞它吗？毕竟，一个牢不可破的密码系统是可以被破解的，那么，假设它的可破解性永远只能被国家利用，真的安全吗？在审查以下这些候选魔杖时，请记住这个问题。

加密的后门

第二次世界大战为我们考虑不堪一击又牢不可破的密码学提供了一个基准。直到战争结束，加密技术的唯一重要用户是国家，特别是军方，他们为自己的用途部署了自己的加密算法。由于加密技术的使用仅限于严格管理的组织内的绝密通信，因此这些加密算法的保密是非常合理的。没有人使用它们，甚至不需要知道它们是如何工作的。

第二次世界大战后，通信方面的进步使全世界特别是各国政府对加密技术的兴趣越来越大。然而，大家在密码学方面的专业知识极为有限，只有少数组织能够制造加密机。对加密技术的需求量超过了供应量，加密技术成为一种市场化的产品，尽管是一种高度专业化和敏感的产品。[23]

现在来假想一个 20 世纪 50 年代末的场景。技术先进的弗里多尼亚国制造和销售加密装置。弗里多尼亚人收到技术不那么先进的卢里塔尼亚政府的请求，要求其提供一套加密装置，以保护卢里塔尼亚的外交通信。弗里多尼亚和卢里塔尼亚并没有交战，但他们之间的关系是敌对的，而卢里塔尼亚的社会稳定性比弗里多尼亚所希望的要差。弗里多尼亚是否应该向卢里塔尼亚出售一些最先进的加密设备？这当然是个赚钱的机会，但这也会对弗里多尼亚的情报收集造成打击。

考虑一下这里的能力不平衡问题。弗里多尼亚拥有卢里塔尼亚所没有的知识和技术。因此，弗里多尼亚有可能对其通常无法破解的加密技术进行一些小改动，将其加密设备转换成不堪一击又牢不可破的设备。换句话说，这些设备将按照预期的方式进行加密和解密，但还有一个只有弗里多尼亚才知道的魔杖技巧，它提供了一种破解这种设备产生的密文的方法。这种技巧有时被称为“后门”，因为它提供了一种大多数密码系统用户并不清楚的访问明文的手段。

最自然的设置后门的地方就是加密算法本身。例如，一个非常粗糙的后门只是在加密明文之前把密钥重置为一个固定值。卢里塔尼亚人会以为他们在使用不同的密钥来加密，而没有意识到该算法总是把密钥重置为这个固定值。弗里多尼亚人知道这个固定值，从而能够破解卢里塔尼亚人的通信。

我们以为这样的后门很快就会被卢里塔尼亚人发现，然而，卢里塔尼亚人对密码学知之甚少，所以他们很可能根本不知道这个装置没有如预期般运行。即使他们有所怀疑，但卢里塔尼亚人可能也缺乏拆解这个装置并确定其工作原理的技能。

这些弗里多尼亚人怎么能如此不道德地行事呢！安全问题往往是国家非常重视的问题。在这种情况下，弗里多尼亚对自身安全的关注，已经超越了对披露其出口加密设备具体运作方式的道德担忧。最重要的是，弗里多尼亚确信自己不会被抓。弗里多尼亚希望继续在全球范围内销售加密设备，并且对其出口的加密设备做了手脚，因为……它可以办到。[24]

后门变成前门

有两个非常有力的理由可以说明，为什么在加密算法中设置后门可以成为20世纪50年代弗里多尼亚的选择，而今天却成为破解加密技术的矛盾问题。

首先，密码学在今天太重要了，任何密码系统的核心部件——密码算法，都不能是“狡猾”的。如果说创建一个不堪一击又牢不可破的密码系统有什么理由的话，在算法中引入后门都不是正确的选择。想象一下今天的情况，如果卢里塔尼亚政府在不知不觉中购买了一个带有后门的加密算法，虽然弗里多尼亚可能打算利用后门来获取外交情报，但随着今天密码学的广泛使用，一旦卢里塔尼亚人决定使用同样的算法来保护其公民的医疗记录，会发生什么？弗里多尼亚的目的是获得外交优势，而不是拿所有卢里塔尼亚人的个人敏感资料的安全冒险。

也许更根本的是，虽然弗里多尼亚很有可能在 20 世纪 50 年代将后门植入算法而不被发现，但他们今天可能无法做到这一点。现在关于密码学和加密算法设计的知识比当时多得多，在全世界范围内有更多的专家可以评估算法。事实上，我们已经开始期待加密算法的细节被公布、审查和批准供公众使用。[25]即使算法是在计算硬件设备中出售，它们也经常可以被检查和测试。如果一个算法含有后门，那么专家们就会质疑，并且没有人愿意使用这个算法。而更令人担忧的是，任何已经使用该算法的人都将面临风险。

21 世纪最为典型的加密算法后门是双椭圆曲线确定性随机数发生器（Dual EC DRBG）。这不是一个加密算法，而是一个伪随机数生成器，可用于生成加密密钥。这个算法被美国国家安全局的代表带入了国际标准，但很快就受到了密码学家的质疑。[26]因为它所产生的密钥可以被预测，因此随后产生的密文也可以被解密。最终在经过激烈的争论后，Dual EC DRBG 被从标准中删除了。[27]

在现代加密算法中设置后门是一种鲁莽的行为，极有可能造成不可预见的不良后果。20 世纪 50 年代存在的加密算法设计知识的不平衡已经不复存在，今天，隐藏的后门很容易变成明显的前门，[28]从而违背了使用加密的初衷。

曾经的密码学法律

国家在这个领域有能力制定和执行法规，具有不可比拟的优势。一个解决密码学造成“问题”的办法是规范其使用。

很久以前，有一种技术可以帮助人们以一种新的方式交流思想，这种技术很快就引起了国家权威机构的注意。一些国家通过发放许可证和实行进出口管制来管理这种技术，另一些国家干脆禁止了它。随后的时期是是否限制使用这种技术的斗争时期。国家认为有必要控制这种技术以维持秩序，而该技术的使用者和提供者都呼吁以自由和人权的名义结束管制。

这就是关于印刷术的故事，印刷术发明于15世纪中叶，在长达3个多世纪的时间里一直是一个社会热点。[29]在社会压力和技术发展的双重作用下，世界上大多数国家最终被迫放松了对印刷业的控制，尽管有些国家，如日本，只是在最近才相对放松，然而，如果不改变一个字，这个故事也可以用于描述关于第二次世界大战以来的密码学。

对于一项不受欢迎的技术，最粗暴的监管对策就是直接禁止。一些国家，如奥斯曼帝国，非常害怕书籍中传播的思想，所以选择禁止印刷术。与此类似，今天的一些国家，如摩洛哥和巴基斯坦，在没有得到政府事先批准的情况下，使用或销售加密技术是非法的。[30]现在对加密技术的禁令很难被证明是合理的，或者说很难被执行，因为加密技术实在太广泛、太有用了，无法被压制。

一个比较常见的控制加密技术的方法是管制加密技术的进出口，就像印刷术一样。在一个加密技术供应商有限的世界里，这种方法是有意义的，但这个世界已经不存在了。一个进口国，如卢里塔尼亚，可以通过监督加密技术进入该国来控制谁使用加密技术。一个出口国，如弗里多尼亚，可以控制谁购买其加密技术。出口管制还使国家能够管理流出该国的加密技术的强度。20 世纪 90 年代初，美国一项出口政策只允许出口的对称加密技术的最大密钥长度为 40 比特。可以肯定的是，美国国家安全局认为穷举 40 比特密钥是可行的。例如，早期的网景（Netscape）浏览器在美国国内版本的软件上允许 128 比特的强加密，而国际出口版本却有争议地只提供 40 比特的安全性。[31]

出口和进口管制是管理有形物品销售的可行手段，因为这些物品可以在边境接受检查。直到 20 世纪 70 年代，加密只会发生在那些重得都搬不动，或者如果你没拿住掉下去会砸到脚的物品中。因此，至少在理论上，可以在边境对加密物品在世界各地的流动进行限制。

这种情况在 20 世纪末发生了根本性的变化，因为加密技术在软件中变得更加容易获得。由于软件是由一系列供计算机执行的指令组成的，它在世界各地的流动几乎不可能受到控制。作为对美国出口管制的抗议，RSA 加密算法代码被直接印在书中，甚至被印在 T 恤上，使它们瞬间从无辜的衣服变成被限制非法出口的武器弹药。[32] 如今，只需点击鼠标或按下按钮，软件就能在世界各地传输。

随着时间的推移，利用进出口管制作为国家对使用密码学的限制手段已经大大减少，几乎成了一场闹剧。20 世纪 90 年代末，我在欧洲一个多国合作的项目中工作，该项目开发了一个软件，用密码学支持手机端的小额支付。该软件在标准的个人电脑上运行，由德国南部的一个合作伙伴开发。欧盟委员会要求在意大利北部城市科莫的一次活动中展示该软件。对于德国人来说，这应该是一个短短的、途经瑞士向南 4 个小时的旅程。然而，瑞士当时对密码学出口有严格的规定，这就需要获得一个特殊的许可证来允许软件跨越其边界。因此，我的德国同事们开始了一段史诗般的旅程，虽然大家都认为风景很美，但为了绕过瑞士边境，他们要绕道奥地利境内的阿尔卑斯山，多花了12个小时。多么浪费时间和精力，而这一切都是因为对密码学“问题”的老旧解决办法。

未来的密码学限制

在寻求国家安全和隐私之间的平衡时，20世纪90年代是国家作为密码学管制者的尴尬10年。出口管制已经很好地达到了目的，但情况正在发生变化。问题不在于强密码学（包括非对称加密）已经进入了公共领域，因为这种知识已经存在了近20年。20世纪90年代发生的根本性变化是人们开始注意到，计算机和连接它们的网络的进步可能产生非常不同的未来，而这些未来是由互相连接的机器的力量所促成的。一些人只是在其中发现了商业机会，而另一些人则梦想着建立一个可以摆脱传统治理束缚的新社会。

决心保持对加密技术的控制权的国家可能会与有抱负的商人达成交易。然而，一个更强大的反击力量是社会变革。互联网和新生的万维网让许多人看到了一个全新的世界，在这个世界里，可以做一些令人惊叹的事情：可以与在世界任何地方的志同道合的陌生人分享想法，可以在全球范围内进行物品交易而不需要销售柜台，可以与素昧平生的人共建虚拟社区。

在这些设想的背后，是一些更激进的爱好者，他们意识到这些新的活动可以在没有传统社会约束的情况下进行。由“我们自己”在网络空间中制定新的规则。这不是传统的无政府主义，因为它的目标不是消除中央国家治理。相反，它把网络空间想象成一个平行的存在，在这个空间里，国家统治的某些方面可以被绕过。

所有这些设想从根本上说都依赖于一个可以保守秘密的新兴网络空间。这些未来的世界需要加密技术，不仅是为了保密性，而且是为了便于匿名。令人惊讶的是，密码学突然发现自己成了这些想法的支持者们聚集的旗帜。诸如赛博朋克（cypherpunk）和加密无政府主义者（crypto-anarchist）等团体发表宣言，宣称密码学对于实现他们与众不同的社会愿景是多么重要。[33]蒂莫西·梅（Timothy May）在他的"加密无政府主义者宣言"中，把非对称加密（大概是考虑到 RSA 加密算法）称为"从数学的一个神秘分支中看似微小的发现"，它将"成为拆除知识产权周围铁丝网的剪线钳"。[34]加密技术是多么强大！

这种关于密码学如何改变世界的乌托邦式的观点，部分源于对国家的深深不信任。然而，对现有密码学控制的担忧并不仅仅来自主流社会的边缘。许多技术专家可以看到密码学在未来的重要性，他们担心国家对密码学的限制会阻碍网络空间安全的发展。

各国都很紧张，这是对的。加密和匿名技术的广泛使用威胁到当前国家治理在许多方面的有效性，包括情报收集和应对犯罪。对加密技术的出口管制现在似乎是一个薄弱的堤坝，已经接近于崩塌，而主张减少对加密技术限制的人可以看到上面的裂缝。一个由自由思想者、技术专家、公司和公民自由主义者组成的看上去不太可能的联盟，开始为放宽对加密技术的控制而大声疾呼。他们发布了免费的加密软件，比如菲尔·齐默尔曼（Phil Zimmermann）的 PGP（Pretty Good Privacy）加密软件。[35]他们发起了法律挑战，比如丹尼尔·J. 伯恩斯坦（Daniel J. Bernstein）起诉美国政府案。[36]他们甚至宣布发动战争。

密码战争

所谓的密码战争始于20世纪90年代，一直持续到今天（有人认为这场战争的起始时间要更早）。当然，战争这个词太强烈了，因为并没有人愤怒地开枪，但关于密码学控制权的争论一直很激烈，偶尔也会用生与死来形容。

密码战争的中心从过去到现在一直是美国，尽管这是一场全球性的冲突。许多人将密码战争的开始归咎于克林顿时期的美国政府，他试图在技术快速变革的时代控制密码学的使用。其基本思想很简单：想使用密码学？想用多少就用多少，想做什么就做什么，只要给我们一份解密密钥的副本即可。哎哟！你在开玩笑吗？

根据这项正式名称为“密钥托管”的方案，加密技术的使用者需要使用经批准的算法，并将解密密钥的副本交给政府。只有在法院颁发了合法授权令的情况下，国家才可获取该解密密钥。

好吧，你可以想象一下，作为一个控制密码学使用的想法，密钥托管在实施的时候能有多顺利呢？在安全方面的问题是，是否真的能信任国家会保管好解密密钥？在后勤方面的关切是，如何建立密钥托管系统并将其纳入业务流程？在成本方面的顾虑是，谁来支付密钥托管的费用？[37]然而，最根本的问题是，密钥托管到底能解决什么问题？

如果最终目标是让国家能够获取被调查对象加密的数据，那么为什么潜在的调查对象要主动使用密钥托管系统呢？到了20世纪90年代，加密软件已经普及，任何想真正隐藏数据的人都可以使用未经批准的算法和托管的密钥来隐藏数据。这样的话，使用非托管加密会不会成为一种犯罪？就像赛博朋克所解读的那样：“如果加密技术被宣布为非法，那么只有不法分子才会拥有加密技术。”[38]

密钥托管方案最终没有被采纳，对密码学的出口管制也有所放松。随着世纪更替，我们进入了一个在密码学控制方面奉行实用主义的时代。英国等国家不再对加密技术进行审批和托管，而是通过法律要求拥有加密数据的嫌疑人在授权令下提供解密密钥。从国家的角度来看，这是一种相当烦琐的管制方式。首先要遵循法律上的技术问题，然后要说服嫌疑人愿意合作，最后，嫌疑人必须真正找到他们的解密钥匙，并将其提供给相应机构，而不是忘记、丢失或根本不知道去哪里寻找。[39]

与此同时，加密技术的使用迅速增加。加密软件开始广泛使用，加密技术被嵌入我们的日常技术中。含有强大密码技术的设备在世界大部分地区进行销售，没有任何法律障碍。

有一天，在密钥托管作为一项举措消失后不久，我坐在一位睿智的同事，一位密码学先驱的办公室里。“没有回头路了，是吗？”我说道，“密码学已经出现了，你无法阻止任何人使用它。密码战争已经胜利了。”我表达的是那些一直关注密钥托管斗争的人的普遍看法。我的同事靠在椅子上，用带笑的眼睛看着天真的我说：“它还会回来的，你等着瞧。”

他当时已经知道的，我们现在都知道了。密码战争还在继续，它永远不会有胜利者。

大规模加密时代的碰撞

21 世纪的前 10 年，在密码战争中几乎没有发生公开冲突。这不是因为战争结束了，而是因为冲突双方的一方分心了，去把玩从国家控制之中解放出来的密码学，而另一方却完全没有闲着。

在密码学知识普及和大量使用的时代，任何人都可以发明自己的强加密算法并自由使用，在解决密码学问题时，可能很容易让人认为国家没有优势。不仅在加密算法的专业性方面，国家看似不再具有曾经享有的显著优势，而且在原始计算能力方面，国家看似也不具备优势，因为世界上最强大的超级计算机也无法对抗 AES 加密。

然而，国家保留了几个可以用来对付密码学的重大优势。第一，国家往往控制着网络空间所依赖的关键物理基础设施，如主干网络。第二，国家有能力影响和监管那些为我们提供与网络空间进行接触的产品和服务的组织，如互联网服务提供商。第三，国家拥有广泛的资源，包括计算机和人力资源，用于解决“密码学问题”。但是，国家最大的优势是其独特的能力，即能够看到数据在网络空间如何流动和停留的全貌。国家能看到整个森林，而我们充其量只能看到树木。

人们经常说，复杂是安全的敌人。[40]我们已经创造了一个极其复杂的网络空间，而且我们还在进一步发展它。我们以许多复杂的方式使用密码学，以确保我们在网络空间做的事情的安全性。这种密码学需要仔细实施和整合，需要对密钥进行管理，需要注意加密前和解密后未受保护的数据存放在哪里。记住，破解密码系统的方法有很多，现在很少通过直接破解加密算法来完成。

2013 年，密码战争重启，全面爆发。就像一些历史上的冲突一样，它是由一起未遂的暗杀事件引发的。

当隐私被公开

在讨论爱德华·斯诺登时，重要的是要把围绕他的所作所为的道德问题与他所泄露的问题分开。斯诺登是美国国家安全局承包商的雇员，公开发布了大量敏感信息，其中包括国家安全局处理因加密导致的监控挑战的方法。这是一系列毁灭性的泄密事件，暴露了国家安全局的许多工具、技术和策略，并迫使斯诺登流亡海外。[41]

无论你认为斯诺登应该得到台阶，还是应该得到手铐和地牢，这都是另一天（或另一本书）要讨论的内容。不容置疑的是，我们现在已经知道某些国家（尤其是美国和英国）在未能建立密钥托管后是如何应对这类事情的。国家可以做很多事情来打击密码学的使用，我们从斯诺登那里学到的是，国家已经做了所有这些事情。

当然，我们不知道到底发生了什么。斯诺登公布了大量文件，也发表了众多演讲，[42]但很多信息缺乏细节，难以证实。不过，总体情况是很清楚的，为了情报，国家一直在竭尽全力，试图攻克密码学。

与其把重点放在特定的指控上（这些指控可能是真实的，也可能不是真实的），不如考虑一个国家可以做的各种事情，或许更有参考价值。让我们想象一下，一个国家，特别是一个对许多强大科技公司具有影响力的国家，可能会做哪些力所能及的事情。斯诺登披露的信息中确实出现了以下一些技术。

国家拥有大量的资金、覆盖面和基础设施，因此可以尽可能多地存储在网络空间中流动的数据，无论是否加密。这些数据可以包括所有通信的副本，因为它们都会到达国家计算机网络的主要枢纽入口（例如，在英国，许多国际通信通过海底电缆流入，这些电缆在一些偏远的地方到达陆地）。然后，国家可以尝试分析这些数据，以便全面了解目标个人与网络空间的接触情况。即使信息和电话是加密的，将谁与谁通信（以及何时）等信息与网页浏览历史等数据联系起来，也可以得出嫌疑人生活的详细情况。

国家可以与为数百万公民提供互联网接入和电子邮件服务的

公司达成协议。假设这家公司使用加密技术来保护电子邮件以及接入存储用户电子邮件的服务器，该公司可以让国家获得与其用户活动有关的所有元数据，国家可以对电子邮件进行解密，或拿到必要的解密密钥。

国家可以聘用网络安全专家入侵公司的网络，并试图偷偷地获取数据。例如，通过在未受保护的内部网络上寻找明文。

国家可以欺骗计算机网络交换机，使其使用属于国家的公钥而不是属于预定接收者的公钥对通信进行加密。然后，国家可以使用其私钥对通信进行解密，获取一份明文副本，然后使用预定接收者的公钥对明文进行重新加密。接收者将收到经过正确加密的通信，而不会有任何察觉。

国家可以影响加密标准化的进程，使带有后门的加密算法被批准且广泛使用。

国家可以开发或购买尚未被广泛注意到的网络攻击技术，因此没有任何防御措施（有时被称为零时差攻击）。国家可以利用加密技术愚弄嫌疑人，使其点击网络链接或打开附件，对嫌疑人的智能手机发起攻击。例如，这种攻击可能会在数据加密前读取数据，窃取解密密钥，或打开智能手机的麦克风记录加密通话内容。[43]

坦率地说，斯诺登的爆料并没有给我们留下太多想象空间。

斯诺登事件后的生活

世界是否因为斯诺登的曝光而变得更加安全，取决于你的观点。

美国国家安全局前局长迈克尔·海登（Michael Hayden）将斯诺登的行动描述为“美国历史上国家合法机密的最大一次泄露”。[44]严格从情报学的角度来看，海登可能是正确的。但我认为，从我们网络空间安全的角度来看，我们可能会变得更好，因为社会公众现在能够更好地理解和辩论相关问题。

也许最根本的是，这些启示是一个壮观的、及时的提醒，提醒人们网络空间充满了漏洞。互联网并不是一个精心设计的、具有强大内置安全功能的网络。我们今天与之交互的网络空间是以某种无序的、零散的方式发展起来的，安全功能（如果有的话）往往是事后才想到的。作为一个整体系统，网络空间充满了安全漏洞，这些漏洞是由技术上的弱点、不同技术的集成度不高、流程上的失误以及不良的治理造成的。即使我们对数据进行了加密，这些漏洞也为任何试图了解我们加密数据的人提供了无数的机会。我想，在斯诺登曝光事件之前，大多数网络安全专家都很清楚这些漏洞，但就像许多隐秘的真相一样，在一盏灯照亮真实情况之前，人们并没有对此采取足够的行动。[45]

斯诺登的揭发产生了许多后果。从密码学的角度来看，最重要的是许多技术提供商更多地采用了端到端加密技术，包括苹果等公司的消息服务。所有的加密都有“端”，即数据只从一个点加密到另一个点。然而，端到端加密是一个术语，用来表示加密通信的端点应该是通信双方控制下的设备，而不是中间的服务器。特别是，它应该意味着服务的提供者（如苹果公司的消息服务）无法解密通信。

令一些国家权威机构感到沮丧的是，端到端加密消除了一些获取明文的途径，比如与服务的企业提供商做交易（或迫使其合作）。在2016 年苹果公司与美国联邦调查局关于获取苹果手机加密数据的纠纷中，美国联邦调查局的支持者声称，苹果公司选择“保护一个死去的‘伊斯兰国’（ISIS）恐怖分子的隐私，而不是美国人民的安全”。[46]而苹果公司的蒂姆·库克（Tim Cook）则声称，屈服于美国联邦调查局的要求就像制造“相当于癌症的软件”。[47]

在更基本的层面上，这些启示至少导致社会讨论了加密问题及其对国家治理的影响。澳大利亚前总理马尔科姆·特恩布尔（Malcolm Turnbull）在评论获取加密数据的挑战时，勇敢地宣布：“数学定理非常值得称道，但在澳大利亚唯一适用的法律是澳大利亚的法律。”[48]

这么多知名人士就加密问题发表意见，不管是支持还是反对控制加密的使用，这本身就是一件好事。一些国家，如澳大利亚、英国和美国，一直在修改相关立法。许多技术用户已经有意识地进行加密，从而产生了对部署加密技术服务的需求。例如，洋葱网络的规模自2010年以来已经增长了4倍多。[49]许多有影响力的公司已做出反应，加强了其加密安全。[50]

只有时间才能告诉我们，由于斯诺登的揭发，实施和使用密码学的方式会不会发生重大变化。这些事件无疑带给社会很多关于我们产生的数据、对这些数据的监控以及使用加密技术所产生的两难问题的思考。虽然仅仅谈论这些问题并不能解决任何问题，但如果对这些问题一无所知则情况会更糟糕。

加密政治学

从某种意义上说，不限制使用密码学的支持者们已经充分赢得了密码战争的胜利。今天，我们都在使用强大的密码学，已经无法回到国家可以精确控制使用何种强度的加密，以及用于何种目的的时代。许多政府公开承认密码学对于建立安全的数字社会至关重要。[51]

然而，那些将密码学视为促进新世界技术的人的梦想仍未实现。

密码学给各国带来了真正的困难，但各国总是能寻求解决这些困难的办法。加密算法的后门和对密码设备的出口控制不再被视为处理密码学两难问题的适当方法。然而，我们今天所使用的一些不堪一击又牢不可破的密码系统，至少在我看来，似乎太容易被破解了。网络空间的复杂性留下了太多的漏洞，这些漏洞不仅可以给国家权威机构提供明文，也成为其他人的潜在攻击点。因为我们不愿意在密码学中嵌入国家控制的能力，迫使国家采取了没有得到广泛认可的加密方法，这些方法有可能是不可靠的，并可能使我们的计算机系统处于危险之中。[52]

我相信你一定希望这次讨论能有一个乐观的结局。也许是达成密码战争的和平协议？我希望我有一个优雅的前进方向建议，但我没有，我不确定其他人是不是也没有。不过我至少会提供一些关于未来可能会是什么样子的想法，但这些想法肯定不是全面停止敌对行动的建议。

也许解决密码战争的最大障碍是争论双方的行为和性质的结合。每一方都使用煽动性和模棱两可的对话，并且可以说都不承认对方对现在和未来使用加密技术的担忧。这种坚持是危险的，因为正如美国前总统奥巴马在考虑美国的监管变革时所表述的那样："如果每个人都到各自的角落去，科技界说'要么我们有强大完美的加密技术，要么就是老大哥和奥威尔式的世界'，你会发现，在一些真正糟糕的事情发生后，政策会变得摇摆不定，会变得草率和仓促，会以危险的、没有经过深思熟虑的方式通过国会审议。"[53]这就是我们现在面临的情况。

解决这种缺乏相互理解的问题，需要建立共同的信任，并不断进行一系列非常透明的对话。但是在密码学方面的问题往往是，双方中的一方，即情报界，传统上就不被外界所了解，也不愿意透明。如果我们要取得真正的进展，至少在某种程度上需要克服这个问题。

我们发现自己在加密方面陷入如此困境的另一个问题是，网络空间的架构，特别是互联网，完全是一团糟。这种混乱对安全是不利的，也为利用加密基础设施的弱点创造了机会。如果能有一个更整洁、更透明的架构当然更好，但这不是可以轻易改造的。如果以某种方式在重新设计的架构中为合法访问明文做出规定，那么至少可以隐约想象，所涉及的过程和风险可以被理解、讨论和通过。[54]也许可以。

仅仅由少数几个国家控制的技术和服务的比例也过高。美国是互联网的发源地，也拥有在网络空间最具影响力的公司，当加密技术妨碍其他事务时，美国就会利用这一优势，这有什么好奇怪的？能发展出一个在地缘上更加公平和民主的网络空间吗？

我们当然可以在网络空间使用密码学来保护自己，我不认为我们应该停止这样做。但可以说，只是偶尔，也许，我们使用了太多的密码学。

想一想手机。你的移动通话在你的手机和最近的基站之间是加密的，以防止通话在空中被任何有简单接收器的人截获。但在这之后，数据实际上已经被解密，并进入了标准的电话网络。[55]只有在靠近收信人的基站和他们的手机之间的最后一段空中旅程中，数据才会被重新加密。换句话说，在这段旅程的大部分时间里，通话是不加密的，而且不需要加密，因为标准的电话网络相对来说很难被攻破。我们从来没有听到国家抱怨我们用手机通话。这是因为，如果国家真的需要，并遵循适当的法律程序，它可以在电话解密后拦截移动通话。事实上，我们也没有听到很多人抱怨国家可以这样做。我们似乎接受了国家会以负责任的方式运用这种能力，希望它能保持下去。

现在想一下在手机上使用安全的消息应用程序发送消息。如果你使用的应用程序支持端到端加密，那么你的信息在从手机到手机的整个旅程中都是加密的。这比你打电话、发邮件，甚至邮寄信件时得到的保密性更强。从某种意义上说，这是一件很美妙的事情。但是，这种程度的保密性真的有必要吗？如果我们要在国家和个人之间就密码学的使用进行谈判，建立一种新的关系，那么，加密技术的使用者是否愿意就他们今天所享有的密码学安全强度做出一些让步？[56]

过去有限制使用加密技术的先例。在冷战期间，作为第二轮战略武器限制谈判的一部分，美国和苏联同意在特定类型的武器试验中不使用加密技术，以便对方能够收集有关武器功能和能力的情报。[57]放宽对加密技术的使用，在数据安全方面似乎是一种倒退，但这让双方都对对方的能力感到放心，以帮助缓解紧张局势。通话、短信与武器试验显然是截然不同的场景，但问题是，有时安全问题会因为合理的原因而被削弱。

不要误解我的意思，我完全支持端到端加密。虽然网络空间仍然是一个混乱的空间，国家试图获取数据，基础设施公司以不太透明的方式利用用户数据，但端到端加密似乎是确保移动中的数据得到充分保护的最安全的方式。我只是提议，在未来的网络空间，或许可以重新想象什么是严格且必要的东西。

一种可能性是，网络空间比现在更加分化，这与其说是一种解决办法，不如说是对密码学两难问题的重新定位。网络中可能会形成“子空间”，可能比其他网络空间“更安全”。用户可以加入这些有虚拟门禁的社区，这样做可以获得一定程度的保护。如果在这些安全空间的设计和管理中建立了足够的信任，那么用户可能会接受国家使用一定程度的能力来访问其中的加密流量，只要这种政府访问是公开进行的，并且符合法律规定。但是在安全空间之外，在环境中，密码战争仍将不受控制地发生。

这种分区概念的要素已经出现。例如，苹果公司为其设备的用户创造了一个受到一定限制的空间，只有某些经过批准的软件才能安装进去。一些人批评苹果公司控制过度，而另一些人则接受了苹果公司的技术，因为他们认为苹果公司的技术会因此而更加安全。

限制软件下载是一回事，但提供访问加密通信的能力是另一回事。事实上，是否有可能设计出一个系统，以保证这种访问能力始终处于有关当局的控制之下？这种类型的系统能否建成还远未可知。当然，当局真正关注的那些人可能永远不会使用这种系统。

只有当我们对未来希望栖息的网络空间类型进行认真和建设性的讨论，密码战争才会停止。丹尼尔·摩尔（Daniel Moore）和托马斯·里德（Thomas Rid）提出了如下观点。

> 未来的密码系统设计应考虑严格的社会和技术因素。在更广阔的范围内，需要对加密技术进行有原则但又现实的评估，以经验事实、实际的用户行为和严谨的国家政策为依据，而不是以赛博朋克崇拜、技术纯洁的意识形态和人造乌托邦的梦想为依据。政治决策中的实用主义一直被称为现实政治。但在大多时候，技术方面的政治一直是个例外。现在是实现密码政治的时候了。[58]

网络空间当然有其危险性，但我们大多数人在采取适当的预防措施之后，糊里糊涂地就过去了。即使我们知道自己有可能暴露在国家监控计划之下，也只是按下回车键，然后继续前进。当我们选择部署加密技术时，我认为最好能准确地知道我们的努力得到了什么安全保障，而不是让人怀疑幕后发生了什么。我们应该接受加密技术会造成两难问题的说法，但国家对这种两难问题的回应应该是透明的，是我们可以接受的。做梦有什么不好？

第九章

致密码学的未来

如今，我们拥有十分出色的加密工具来确保我们在网络空间的安全。诚然，密码学以及加密技术的使用会引发社会两难问题，但相比于引发的难题，它们的作用太重要了，以至于我们无法遏制其发展。密码学将继续存在，但是，它的未来会如何？

未来已来

假设你有一封信件，其内容需要在未来的一段时间内保密，你把这封信放在一个保险箱里——由最先进的锁保护着它，然后安心入睡。10 年后，你从报纸上得知，小偷们已经掌握了破解这种保险箱密码的手段，于是，你购买了一个新的保险箱——配有更先进的锁，然后把信件放在新的保险箱里。几年后，同样的事情又发生，于是你又买了一个更新的保险箱……也就是说，保险箱的防御机制与其破解方法结伴而行，愈加精密、复杂。

上述这种模式对保险箱来说讲得通，但对加密技术来说并非如此。加密技术的演变更像这样：你有一封要保密的信件，你制作了很多个备份，然后把每个备份放到由最先进的锁保护的保险箱里，并把其中一个保险箱交给了你最危险的敌人。10 年后，你了解到上述保险箱可以被破解了，于是又买了一堆新的保险箱，并且要求敌人把旧的保险箱退还回来，以便你可以对它进行升级。[1]嗯，想必结局不会太好。

这个问题很容易理解，因为数字化的信息极容易被复制和存储，因此我们必须假设被加密的数据永远不会被攻击者访问。如果将来破解密码的方法取得了突破，仅依靠升级加密算法来保护现有数据是不现实的。你可以使用更强大的加密算法对旧的文本进行重新加密，但是你不能保证原始密文的副本仍然无法被攻击者破解。[2]

加密算法的设计者们面临的最大挑战是，现在的加密技术将在未来遭到攻击。如果未来的攻击使现在部署的加密算法变得不安全，替换算法将需要花费海量的时间和成本。[3]当块密码 DES 在 20 世纪 90 年代被认为是不安全的时候，它已经深深渗透到银行系统的基础设施当中，以至于根本无法完全替代。随之而来的结果就是，即便有更安全的三重 DES 加密，我们今天依然在使用 DES 加密。

现代加密算法的设计极为保守，对安全性的要求很高，并尽可能地防范未来的攻击。设计人员们试图去预判计算机未来的发展，特别是在处理能力方面的改进，然后大大提高容错程度。回想一下，当今世界上最快的计算机，想要破解 128 位的 AES 密钥也需要 5 000 万亿年。听起来我们的担忧是多余的，但是我们想要实现的是让今天的数据可以保持长时间的加密（比如 25 年，或者更久）。到那时候运算最快的计算机又会是什么样的呢？AES 的谨慎设计可以支持 192 位、256 位，甚至更长的密钥长度，既可以满足现在高水平加密的需要，又可以降低未来改进的迁移成本。

就密码学和加密技术而言，我们必须面向未来，并不是说要精准预测未来究竟会怎样，而是要做好迎接它的充分准备。

所谓“量子”

量子这个词总会让人迷惑。它让人联想到那些在我们的直觉和理解范围之外复杂的、有趣的未来技术，或是某些令人震惊的概念。[4]我们总会困惑地摇摇头，然后想：“最好让专家们去做。”希望对你来说，密码学这个词不再有同样的影响。

但是，你绝对不能忽略量子对于密码学的重要性，它至少会涉及3种情况。这3种情况尽管本质不同，但经常会被混淆：（1）涉及实用程度不同的现有技术；（2）涉及现在不存在但具有高度相关性的重要技术；（3）涉及当今不存在也不太会在不久的将来出现的技术。

与密码学有关的两种量子技术已经存在，涉及密钥管理的不同方面。第一个是量子随机数生成。如我们所见，随机数在密码学中非常重要，特别是对于密钥生成而言，基于自然科学的不确定性随机数生成器是最重要的，其中最好的一些则是基于量子力学的。[5]第二个是在两个不同位置建立公钥。量子密钥分发是一种通过特殊的量子通道将随机生成的密钥从一个位置转移到另一个位置的技术。

计算机技术正在进行着一场革命。显然，量子计算机将能够比今天的计算机更快地执行某些运算任务。[6]量子计算机将对密码学产生重大影响，因为当前在普通计算机上不可能计算的一些与密码学有关的任务将在量子计算机上变为可能。但现在，量子计算机仅仅是雏形，它们的功能还比较有限，跟它比起来，一台袖珍计算器都像是一台超级计算机。但是量子计算机会持续进步，因此我们需要认真对待量子计算机，并为它的到来做好准备。

量子计算机将能够破解我们今天使用的某些加密算法。因此，我们必须对其重点关注。既然量子计算机可以破解现有的加密算法，为什么我们不去设计在量子计算机上运行的量子加密算法呢？这个想法没有错，但是就保护网络空间而言，这是个优先级很低的事情。

目前，我们还没有真正意义上的量子计算机，也不太可能在短时间内拥有，但时间总会让设想成为现实。最终，量子计算机可能会由一些技术先进的组织开发出来，也只有这些组织才能使用量子加密算法，我们其他人只能在传统计算机上运行保护我们免受现有少数量子攻击技术伤害的加密技术。随着时间的推移，量子计算机某一天将会成为主流，到那时，量子加密算法才有用武之地。或许这些问题更适合我们的孩子们（或孩子们的孩子们）去考虑……

谨防你身边那些大谈特谈量子密码学的人吧，这个定义不明确的概念通常会在本节开始时描述的 3 个场景中的任何一个（或全部）中出现：量子密码学可以是存在的或不存在的，革命性的或投机性的，真实的或不切实际的。这就是为什么我会避免使用量子密码学这个词。然而我们绝不能忽略量子计算机。尽管它不是“愤怒的小鸟”,[7]但它确实有可能让现代密码学大厦分崩离析。

超级解密工具

我们知道的是，量子计算机的工作方式与我们今天使用的计算机有本质上的不同，它们处理的数据不同于传统计算机使用的二进制编码形式，借助它们并行执行某些操作的能力，它们将会比传统计算机更有效地执行某些特定任务。

我们不知道的是，真正的量子计算机何时会出现，量子计算机的实践与理论是否相符，谁会建造第一台可用的量子计算机，最终将出现什么样的量子计算机，量子计算机是否会成为主流技术……但是，就未来的加密技术而言，这都不重要。重要的是，未来量子计算机的出现是可能的，而我们需要在今天去尝试着防御它。[8]

的确，量子计算机将对现代密码学产生重大影响，但它们并不会完全破解我们今天使用的所有密码。尽管当前使用的某些加密算法在量子计算机面前会变得尤为脆弱，但其他算法仍然高度有效，对我们来说最重要的是了解可能的未来以及它们背后的意义。

目前最需要关注的领域是非对称加密及数字签名技术。当今使用的几乎所有非对称加密和数字签名技术都依托于两个极难解决的数学问题：素数分解和寻找离散对数。然而不幸的是，我们已经知道一个功能强大的量子计算机可以同时解决这两个问题。[9]换句话说，量子计算机会让我们目前所有的非对称加密和数字签名技术失效。

当今使用的非对称加密算法的问题在于，它们的安全性基于特定的计算难题，而这些问题在传统计算机上很难解决。但是，在量子计算机上，这些问题就不再是难题，当这样的计算机成为现实，麻烦也会接踵而至。

由于这个原因，研究人员目前正在开发新的非对称加密算法，该算法基于量子计算机无法有效解决的替代计算问题。这些所谓的后量子非对称加密算法将取代我们今天使用的非对称加密算法。[10]类似的后量子数字签名技术也在紧锣密鼓地开发当中。重点在于，这些后量子加密算法需要能够在传统计算机上运行，它们本身并没有使用量子技术，但是它们旨在防御未来的量子计算机攻击，保护信息安全。

好消息是，对称加密算法的安全性不依赖于任何一种特定的计算问题。它们更多地依赖于智能工程，而不仅仅是数学，将复杂的计算障碍过程置于明文和密文之间，让攻击者去搜索正确的密钥，而不是试图破坏算法本身。

目前的观点认为，量子计算机可以减少密钥搜索的时间，但幅度不大，不会让我们今天使用的所有对称加密算法全部变为无效。也就是说，只要我们把对称加密的密钥长度加倍，就足以保护我们免受量子计算机的攻击。[11]

当今使用最广泛的对称加密算法是 AES，密钥长度通常为 128 比特。但是，AES 还支持 256 比特的密钥长度，任何担心量子计算机的人都可以简单地切换到这一长度。不过话说回来，很多与我们日常生活息息相关的应用程序却不使用 AES 加密。比如，大多数在线支付网络依赖于具有较短密钥的三重 DES 加密，这些网络需要改变其使用的加密算法，以使其免受量子计算机的攻击。

量子计算机对我们今天的密码学构成了威胁，我们也正在采取紧急措施来应对这一威胁。我相信，在量子计算机成为现实之前，我们就可以开发出用于抵御量子计算机的加密算法。但是，在这之前，加密数据被未来的量子计算机破解的风险依然存在。

量子的魔法通道

今天已经实现了量子密钥分发（QKD）技术。这既不是加密算法，也不需要量子计算机。相反，量子密钥分发恰恰是一种使用量子力学来分发对称密钥的方法。

让我们回到有关密钥分发问题的基础知识。两个用户希望使用他们最喜欢的对称加密算法交换消息。为了促进交换，他们都需要以某种方式获取对称加密密钥的相同副本。一种选择是让发送方生成一个随机密钥，然后将该密钥传输给接收方。但是如何做呢？

在没有心灵感应的情况下，我们要解决一个真正的问题。发送方不能简单地通过不受保护的通信通道将密钥发送给接收方，因为攻击者可能正在监视该通道并因此而得知密钥。对吗？

事实并非如此。如果通信通道是标准通道，比如移动电信网络、Wi-Fi、互联网，上述说法是对的。但是，假设该通道是“魔法”通道，具有特殊的属性，即如果任何攻击者拦截了通过其交换的信息，则接收方将意识到这种拦截（如果你喜欢的话，还会有警报声响起）。然后，发送方可以简单地通过魔法通道将密钥转移到接收方。如果没有警报声响起，则接收方将知道没有其他人看到密钥。如果警报声确实响了，那么发送方和接收方会扔掉密钥，然后重试。

量子密钥分发的过程正是以这种方式工作的，这个魔法通道就是量子光通道，通过对准激光器或光纤等进行实例化。密钥被编码为量子状态，量子力学的特殊属性意味着任何试图在通道上读取数据的人都会在无意中改变这些状态，而这种状态随后会被接收方检测到。[12]毫无疑问，量子密钥分发是量子力学的巧妙应用。目前已经使用量子密钥分发建立了一些实验网络，并且已经通过卫星用量子密钥分发在空间中分发密钥。[13]尽管它们并不便宜，但你今天就可以买到商业量子密钥分发系统。

虽然一项技术带来了创新，但并不意味着我们真的需要它。气垫船、协和式飞机、迷你光碟都是解决实际问题的杰出发明，但由于各种原因，它们从未成为主流。尽管量子密钥分发可能会找到合适的应用程序，部署在一些技术中，但似乎目前它的炒作成分更大，原因如下。

第一，量子密钥分发是解决廉价问题的昂贵方案。它可以分发一个对称密钥，以与任何对称加密算法一起使用。很好，但是我们已经有了许多解决此类特定问题的方法，包括预先安装长期密钥并在需要时从它们中获取加密密钥，就像手机、Wi-Fi、银行卡和一些其他设备那样。

有人认为，量子密钥分发可能会使我们免受量子计算机攻击的侵害，因为量子密钥分发可以为一种被称为“一次性密钥”（one-time pad）的特殊对称加密算法分发密钥。该算法在理论上是安全的，因为它可以使用随机密钥分别对明文的每个位进行加密，因此可以进行任何对称加密算法。[14]不幸的是，一次性密钥是一种昂贵的算法，因为它需要与明文一样长的随机密钥。对于我们大多数人来说，前述具有较短密钥（256 比特）的 AES 也可以抵御量子计算机的攻击，那为什么还要花很多时间分发一次性密钥呢？

第二，关于量子计算机的出现，量子密钥分发解决了错误的问题。要使用量子密钥分发，需要拥有一个已知设备的固定网络，每个设备都使用特定的技术来建立连接。这正是对称密钥足以确保网络安全的一种设置。但是，如果真的造出了实用的量子计算机，对称加密并不会受到严重的破坏。因为量子计算机引起的加密问题是关于新形式的非对称加密需求。我们需要新的非对称加密算法来保护开放环境（如互联网）中的连接，但在开放环境中，通信方之间没有预先建立关系，使用量子密钥分发无法保护开放环境中的连接。这就是为什么开发后量子非对称加密算法对我们未来的安全性比量子密钥分发更为重要。

密码学无处不在

希望你现在已经意识到自己是如此依赖加密以保护网上活动安全。不论是打电话，还是刷银行卡，大多数活动显然需要加密，这些活动发生在我们传统上认为是网络空间的地方。

我们看到的一种趋势是，我们很容易将与网络空间相关联的对象（如计算机、平板电脑、手机和其他日常用品）之间的距离模糊化。

越来越多的东西接入了网络空间，例如我们已经对电视、游戏机、手表和汽车等物品接入网络空间的场景习以为常，当看到恒温器、烤箱、百叶窗、洗衣机之类的东西接入网络空间也不会觉得奇怪。但是，我们是否真的需要在商场里购买可以接入网络空间的盐瓶、镜子、烤面包机和垃圾桶？[15]

这种万物互联的现象有时被称为“物联网”（IoT），由能够被嵌入日常对象的微小、低成本的传感技术的发展所驱动。由于几乎所有事物都可以接入网络空间，并且大多数具有网络功能的事物都需要一定程度的安全性，因此随着物联网的发展，我们将在未来许多令人惊讶的地方使用更多的加密技术。[16]

物联网创新的成熟环境是你的家。你现在可以购买连接家用电器的技术设备，从而可以更轻松地控制照明和热水器等电气设备，并提高能源效率。你可能不认为你的家用电器需要大量的安全性，但请三思而后行。物联网的许多数据都是敏感的。你家灯光和暖气的开闭时间，看电视、做饭、淋浴的时间，都提供了你一天的典型模板。读取这些数据可能不会使每个人都激动不已，但对于打算闯入你家的人来说可能是无价的。

你希望所有这些数据都是正确的，以便获得准确的电费账单，而且你显然不希望任何人都可以访问此网络，否则，制造恶作剧的人可能会让你家如同鬼屋：灯光神秘地闪烁着，烤箱在半夜里变热，而你的暖气在一年中最冷的夜晚关闭。幸运的是，通过适当地设置密码，可以使你的物联网家庭变得安全可靠。希望那些开发物联网技术的人都能重视起密码学。[17]

智能烤箱、智能电灯开关、智能热水器的共同优点是它们都足够“大”，足以支持我们使用与手机、银行卡和车钥匙中相同类型的密码。但是，对于正在接入互联网的某些其他设备，情况并非如此。射频识别（RFID）标签（可用于标记产品）和微型无线传感器（具有各种有趣的应用，如农作物监测和野生动植物追踪）等微型设备的存储和处理数据的能力有限，它们不仅内存有限，并且需要节省电量以延长电池寿命。

为了使用加密技术来保护此类设备，研究人员正在开发特殊的轻量级加密算法，将来可能还需要开发更轻量级的算法。[18]这些轻量级加密算法通常会牺牲一些安全性，以使性能大大超过传统的加密算法。这是一个可以接受的折中方案，因为此类设备收集的数据可能不需要长时间保密。当然，使用轻量级加密算法总比没有加密算法要好。

今天，我们使用加密方法还有一层暗含的深意，从你在网络空间中与许多系统交互的角度来看，你就是你的加密密钥。只要系统确信当前卡上的芯片包含属于你的加密密钥，ATM 就会分配资金。对于任何手机通话，只要关联到你名下 SIM 卡上存储的加密密钥，你都需要付费。不论是谁，只要能使用与你车钥匙关联的加密密钥，你的车门都会打开。

然而，在将来，密码学的化身可能会更进一步。你不仅会受到加密密钥的保护，你的身体也将包含加密密钥，而且还可能包含很多。物联网技术可能会应用于医学和医疗保健领域，未来接入网络空间的事物将包括植入式心脏起搏器等医疗设备以及其他可穿戴或可植入的监测设备。这些技术可以很好地将数据传输到你手机的健康类应用程序上，也可以直接向你的私人医生报告。这种物联网场景可不是我瞎猜的，它已经发生了。它需要绝对安全性，因此也需要加密。[19]

2012 年，美剧《国土安全》（*Homeland*）中有一个情节，剧中副总统瓦尔登（Walden）被远程攻击者暗杀，该远程攻击者接入并调快了他的心脏起搏器。对于全球成千上万的心脏起搏器植入者来说，这个剧情一定令他们非常不舒服。但是，就像未来所有的物联网应用一样，如果我们适当设计和部署加密技术，我们的心跳就不会加速。医学数据库可以保持机密，心脏起搏器可以设计为仅限被授权的医学专家访问，并将可接受的设置限制为安全值。社会面临的挑战是此类远程攻击将继续存在。

云上的密码学

从前，世界的运作方式是这样的：你生成了数据（文档、照片、电子邮件等）并将其存储在你控制的个人计算机上。如果你担心数据的安全性，那么当然有责任使用加密技术保护数据。这种安排不仅适用于你个人，也适用于组织。

如今，世界的运作方式更像是这样的：你生成了数据并将其存储在别人（并不知道是谁）的控制下（并不知道在哪里）。你可以随时随地地访问数据，并且生成的数据远远超出了本地存储的能力。这就是 Gmail 用于电子邮件，Dropbox 用于文件共享，Spotify 用于音乐流以及 Flickr 用于照片管理的方式。更重要的是，越来越多的组织将其整个数据集委托给数据托管服务公司进行管理，因为这样比自己管理更容易、更便宜、更方便。这种松散的管理方式，其总体思路被称为“云”。当然，不只有一片云，而是有很多云，但它们背后的基本原理都相同。

将数据移交给其他人并非没有明显的风险。[20]也就是说，一个不错的云服务提供商应该认真对待网络安全。确实，云中的数据甚至可能比本地存储的数据更安全，因为数据所有者并不总是擅长备份等基本安全操作。但是，在某些情况下（如外包医疗数据库），我们不希望云服务提供商查看他们替我们存储的数据。在这些情况下，显而易见的解决方案是在将数据提交到云之前对其进行加密。

哎呀，云中加密的医疗数据库向我们提出了一个严肃的问题。假设我们要确定病情特殊的患者，或按出生日期重新排列数据库条目，或计算具有特定医学指征的患者的平均年龄。由于传统的加密方案被设计为生产难以理解的密文，并且与它所代表的明文没有明显的关系，因此我们不能直接对密文执行这些操作。我们必须从云中下载加密的数据库，解密数据，然后在本地对其进行分析。此过程效率低下且不方便，因为使用云的本来目的就是避免将所有这些数据存储在我们自己的计算机上。

对加密的需求似乎侵蚀了云计算的一些好处。然而，实际上，发生了更有趣的事情：对云计算的需求推动了密码学的创新浪潮。学者们针对刚刚讨论的场景又设计了特殊类型的加密算法。[21]例如，可搜索的加密方案使数据所有者可以在保持加密状态的同时搜索数据，同态加密使数据所有者无须先对数据进行解密就可以对其执行一系列不同类型的计算（如加法和乘法）。通过使用此类方案对数据进行加密，可以在处理加密数据的同时仍将其安全地存储在云中。

可搜索的加密方案允许搜索已加密的数据库，识别与搜索匹配的项目，然后仅将那些匹配的项目返回给数据所有者，由数据所有者在本地对其解密。同态加密允许数据所有者先以普通方式来计算某些加密的数据库字段的平均值，然后将其返回给数据所有者，再由该所有者对本地密文值进行解密以获取平均值的明文。此功能为更复杂的计算铺平了道路，比如对加密数据进行数据分析。

由于这些新的加密方案很多还不够高效，无法进行大规模部署，还在不断完善之中。[22]但是，它显示了 20 世纪 70 年代初以来加密技术的飞速进步，那时的加密工具套件实际上仅包含对称加密。随着具有特定安全性要求的新网络空间应用程序的出现，可以预想学者们会设计出更多的加密工具来保护它们。未来不仅会更广泛地使用加密技术，密码学本身也会加速发展。

机器的崛起

我们早就被告知，计算机可能会比人类更智能。但是，没有人知道这种技术奇点会在何时发生（有人说是在 21 世纪 30 年代，也有人说是在 21 世纪 40 年代），[23]也没有人知道这些超级智能的计算机是以今天这种计算机技术的形式存在，还是已经与人脑融合，以人形机器的形式存在。我们甚至还不清楚究竟什么才是更智能的意思，以及技术奇点将如何发生。

这些问题很具体。毫无疑问，计算机正变得越来越有能力执行原来只与人类相关的任务。如今，计算机可以完成几十年前只有人类才能完成的工作，如翻译人类语音和驾驶汽车。人工智能的进步有望进一步推动这一过程。可以想象未来的发展，能够提供医疗诊断的机器人，能够识别其视野中所有物体的双筒望远镜以及能够全自动驾驶的车辆系统。令人不安的是，人工智能无疑会带来许多我们无法想象的事情，其中一些可能会超出我们的控制范围。[24]

我们产出了大量数据，助推了这一进程。2018 年，用户平均每分钟向 Instagram（照片墙）发布约 50 000 张照片，创建 500 000 条推文，发送 1 300 万条文本信息。[25]大量数据的创建以及用于处理和推论的算法的改进，正在帮助计算机执行远远超出人类能力的分析任务。[26]

这对密码学的未来意味着什么？无论其形式和功能如何，未来的计算机肯定需要加密来保护其数据。这些计算机很可能会比我们更擅长使用密码，并能够确保已应用适当的密码保护。

但是，更引人入胜的问题是：人工智能可能对密码学本身产生什么影响？[27]像丹·布朗的《数字城堡》中的机器一样，未来的计算机能否变得如此智能以至于打破所有已知的加密技术？

我对此表示怀疑。当密码学的用户和攻击者之间存在某种能力差距时，密码学就会受到威胁。作为说明，值得反思一下过去政府利用了哪些能力差距来控制密码学的使用。在20世纪50年代和60年代，能力差距是关于如何设计密码的高级知识。在20世纪70年代和80年代，能力差距是限制密码技术强度和发展的立法能力。后来，斯诺登的事件表明，既系统地掌握了加密技术，又能从政治上对一些主要技术提供商施加影响，是一种卓越的能力。如果我们未能开发出对抗量子的非对称加密算法，那么是否拥有量子计算机将代表未来的能力差距。

我当然可以想象，自动化推理和人工智能的发展将威胁到当今的加密技术。一个高度复杂的计算机程序很可能会对密码系统进行安全性分析，而且比我们人类分析得更彻底。它可能会发现只有通过复杂调查才能发现的细微缺陷，它可能在加密数据中找到不明显的模式。但是，要想使人工智能进步到足以产生能力差距的地步，就必须想象一台先进的攻击设备能够胜任我们完全不知道的事情。我无法完全排除这一点，但是我认为现代科学的进步是在充分开放和协作的环境中展开的，因此不可能有人将这种能力长期保密。

一旦知道了这一点，我们就可以做些事情。如果智能计算机在攻击密码学的能力方面取得了飞跃，我相信这种飞跃肯定会促使密码学设计得更加智能。当今的加密技术是由人类设计的，计算机被用来模拟和测试加密技术的安全性。未来的计算机可能会比人类设计出更好的密码，计算机能够边检查边设计，从而创建出更强大的加密技术。它们比人类聪明多了，能够分析整个计算机系统，以决定要应用什么样的加密技术并确保其正确实施。

有时，加密技术的进步被视为攻击者和设计者之间的“竞赛”。当攻击技术得以改进时，密码设计也必须随之改进以应对它们。总的来说，我认为设计者只要关注攻击技术的发展，通常就可以在这场比赛中保持领先。如果密码设计能够顺应人工智能的发展，我相信它足以支持我们未来的计算需求。只是，今天还没有人知道人工智能的未来什么样。

对密码学多一分信任

密码学的未来需要多一分信任。[28]密码学与信任紧密相关，而我们未来的安全性最终将取决于两者间的紧密程度，原因如下。

信任是“对某人或某物的可靠性、真实性、才能的坚定信念”。[29]信任正是密码学在网络空间所促进的。我们需要知道都有谁知道，需要知道哪些信息是正确的，需要知道谁正在与谁通信。由于网络空间的性质，没有加密就无法建立信任。

密码学还依赖于信任。为了使密码学起作用，我们需要相信某些数学计算很难在计算机上执行。我们必须相信，攻击者的计算能力不会超出预期的水平。我们需要相信加密用户将以预期的方式运行，而不是在其社交媒体账户上共享其加密密钥。

但是，最终密码学本身必须是可信任的。2013 年，斯诺登事件极大削弱了许多人对加密的信任。[30]如前所述，加密算法的设计过程并不总是值得信赖的。今天，加密技术不仅被应用于密钥上，也被应用于密钥的管理中。如果连加密技术都不可靠了，网络空间中还有什么是值得相信的呢？

对密码学建立起信任并不容易。一个重要的障碍是，我们需要信任的密码学太复杂了。不仅要信任算法，还要信任使用密码学的整个系统，包括技术制造商和部署密码学的网络运营商。由于涉及了太多人和事，所有这些都变得更加复杂。[31]

尽管如此，有一些积极趋势表明我们正在朝着正确的方向前进。

第一个趋势涉及选择。选举制是一种政府体系，它受欢迎的一部分原因是公民可以选择其代表。我们并不总是信任我们的政治家，但是我们选择的总比强加给我们的好。在20世纪70年代中期，密码学没有太多选择。如果你想使用对称加密，那么DES几乎是你唯一的选择。如今，有数十种对称加密算法可供选择。更多的选择并不意味着更高的安全性，但可以帮助你建立起对它的信任。

用于保护4G和5G电信网络的加密技术支持多种加密算法，其中包括在中国开发的、在中国使用的特殊算法，使用自己开发的算法意味着本国电信的安全。同样，你可以在网络浏览器中配置TLS安全设置，以便从那里提供的加密算法中选择你信任的算法，用于保护你与网络服务器的连接。

第二个趋势是学术界和从业人员对在实际技术中安全部署加密技术的兴趣日益浓厚。过去，评估加密技术的安全性，并不包括使用它的操作环境。现在，我们不再孤立地评估算法，还考虑了使用它们的更广泛的密码系统。例如，对TLS一类的加密协议进行评估，不仅可以评估它在逻辑上是否正确，是否实现了既定的安全目标，还可以评估这些协议在实际环境中运行后是否仍然正确。但在实际环境中，错误消息等辅助信息也可能会被聪明的攻击者利用。虽然每年都会举办一些密码学专家的小型聚会，主要讨论密码学理论，但现在最大的会议之一是“真实世界密码学研讨会”，数百名研究人员和开发人员共同切磋关于如何增强对密码学信任的智慧，以保护当前广泛使用的技术。[32]

从根本上讲，我相信在斯诺登事件过后，用户对安全问题的警惕性普遍提高了。这种转变使人们深刻认识到拥有自身信任的加密技术的重要性。例如，政府与技术提供商之间有关端到端加密的争论，还有你阅读这本书的理由。

你是否相信加密技术可以为你提供足够的安全性？我给了你很多线索，但还需要再说一句。如果我们不仅致力于加密算法的安全，还致力于密码系统的安全，使其能安全运行密码学，那么，将来我们可能会进一步信任密码学。我当然希望如此。

密码学与你

你的个人密码未来会如何？恭喜你已经知道密码学是什么以及为什么成为网络安全的基础了。你已经知道了密码学在确保你的安全，那么从现在开始，你是否还和原来一样在网络空间进行活动呢？

一方面，我希望这番对密码学的解密可以消除你在考虑网络安全时对未知事物的恐惧，并非只有计算机小天才才能理解密码学。密码学提供了用于构建安全技术的基本工具，通过了解密码学的工作原理，你已经掌握了一些在网络空间构建安全性的基本知识。

另一方面，我也希望了解密码学会改变你对网络空间安全性的看法。使用加密这层滤镜，网络就安全了一些。现在，当你访问网上银行账户，银行要你先安装小工具时，你就知道它确实为你提供了一种算法和唯一的加密密钥。只要你将设备置于个人控制之下，你登录的方式就比要求你输入 6 位数的个人识别码和你母亲的姓氏更为安全。

密码学思维也可以帮助你理解当前的事务。例如，当你从媒体获悉你所使用的特定安全技术已被“破解”时，问题实际出在哪里？是使用的加密算法存在问题，是密钥的生成方式存在缺陷，还是密钥被从中央服务器窃取了？你是否需要采取什么措施呢？是等待技术提供商解决该问题，是更改密码，还是应该放弃该技术转而使用另一种？

密码学基础知识还应该给了你一些底气去评估你的网络安全实践。如何在当前设备上保护数据？你与网站的网络连接是否受到密码保护？别人在网络空间“伪装成你”有多容易？你甚至已经决定采取主动行动，如果你的笔记本电脑上确实有非常敏感的数据，也许你应该对其进行加密；如果你定期将机密数据复制到存储设备上，也许你应该为数据加上密码保护。

同样重要的是，在决定将来要使用哪些技术或服务时，你可以利用密码学知识。考考你以下这些尴尬的问题。密码学提供了什么安全性？都使用了什么算法？谁生成了密钥，把它存在哪儿了？要回答这些问题并不总是那么容易，但是技术提供商越来越重视在发布时细化这些信息，因为他们越来越意识到安全性不仅会使产品更安全，还会使销量更有保障。密码学不仅在网络空间为你所用，你也可以通过密码学评估你在做的事。

了解了加密技术在支持网络安全方面所起的突出作用，也有助于你在关于加密技术使用方面的社会辩论中看清情况。我鼓励你就社会应如何应对网络空间的安全性和隐私权发表自己的看法，但并不是说你要成为一名政治家。大的问题还是通过上层政策和实际行动合力解决比较好。例如，要应对全球变暖，需要结合全球的政治领导力和每个人日常生活的点滴变化。个人的行为可以影响政策，而政策也可以改变个人的行为。因此，你可以通过你个人的力量来影响有关安全性和隐私性的辩论，包括密码学的使用。当你决定在线共享哪些信息，选择哪些交互技术，对新闻故事或相关事件做出什么反应时，便已动用了个人的力量。勇敢发表意见，不要让别人决定你的未来。

请注意密码学以及它的作用。今天，我们的安全性依赖于密码学，我们未来的安全将更加依赖于它。

致谢

本书的灵感来自 3 个“偶然”。

第一个是我父亲。我曾乐观地认为，自己之前那些学术性的密码学著作已经可以为广大读者提供良好的阅读体验，但我父亲则认为，他看完之后不知所云。这意味着，我需要改变我一直以来的写作风格，我相信这本书已经通过了“爸爸的测试”。第二个是爱德华·斯诺登。2013 年的斯诺登事件引发了公众对于密码学的公开讨论。并且，在随后的分析中，许多新闻工作者和政治家对密码学表现出的不适感令我感到震惊。第三个是一位匿名的网友，他看到我为《对话》（*The Conversation*）撰写的文章后，建议我写一本有关网络安全的科普读物。

我很幸运能够和科学工厂（The Science Factory）的彼得·泰勒克（Peter Tallack）一起工作，他从一开始就非常看好我的这本书，并将我介绍到学术界以外的出版界。托马斯·瑞德（Thomas Rid）告诉我，诺顿（Norton）是一家非常优秀的出版社——这话着实不假。非常感谢我的编辑杜琼（Quynh Do）一直以来的热情支持，还要感谢德鲁·魏特曼（Drew Weitman）的严格把关，让本书出版的整个过程通畅无阻。哦对，我还要对斯蒂芬妮·希尔伯特（Stephanie Hiebert）说一声谢谢，她大刀阔斧地“改写”了我的初稿，让我也亲身体验了一把自己曾经对研究生们的“折磨”……

更重要的是，一本书需要读者。我非常感谢苏·巴维克（Sue Barwick）、尼古拉·贝特（Nicola Bate）、陈立群（Liqun Chen）、杰森·克兰普顿（Jason Crampton）、安妮·克劳（Anne Craw）、本·柯蒂斯（Ben Curtis）、莫里斯·埃尔菲克（Maurice Elphick）、史蒂文·加尔布雷思（Steven Galbraith）、温艾·杰克逊（Wen-Ai Jackson）、安格斯·亨德森（Angus Henderson）、塔利亚·莱恩（Thalia Laing）、亨利·马丁（Henry Martin）、伊恩·麦金农（Ian McKinnon）、肯尼·帕特森（Kenny Paterson）、莫拉·帕特森（Maura Paterson）、尼克·罗宾逊（Nick Robinson）的反馈。我还要特别感谢科琳·麦肯纳（Colleen McKenna）对语法的仔细检查，以及弗雷德·派珀（Fred Piper）对密码学专业内容的严格订正。

最后，我要特别感谢腊肠犬雷蒙（Ramon）忠诚地坐在我身边，因为在电脑屏幕上逐字逐句完成这本书是个缓慢且痛苦的过程，感谢凯拉（Kyla）和芬莱（Finlay）在整个创作过程中恰到好处地分散了我的注意力，感谢安妮塔（Anita）一直以来的爱与支持。

注释

前言

1 Dami Lee. Apple Says There Are 1.4 Billion Active Apple Devices. *Verge*, 2019 – 01 – 29. https://www.theverge.com/2019/1/29/18202736/apple-devices-ios-earnings-q1-2019.

2 截至2018年4月，全球有71亿张银行卡启用了EMV［欧洲支付（Europay）、万事达卡（Mastercard）和维萨（Visa）］。关于芯片和PIN码技术，可参见以下文献。

EMVCo Reports Over Half of Cards Issued Globally Are EMV ® – Enabled. EMVCo, 2018 – 04 – 19. https://www.emvco.com/wp-content/uploads/2018/04/Global-Circulation-Figures_FINAL.pdf.

3 这是WhatsApp 2017年年中的数据，虽然略显夸张，但也很可能就是真的。可参见以下文献。

WhatsApp. Connecting One Billion Users Every Day. *WhatsApp Blog*, 2017 – 07 – 26. https://blog.whatsapp.com/10000631/Connecting-One-Billion-Users-Every-Day.

4 Mozilla报告称，火狐（Firefox）浏览器使用https（加密）而不是http（未加密）协议加载的网页百分比在2018年超过了75%。可参见以下文献。

Let's Encrypt Stats. Let's Enrypt, 2019 – 06 – 10. https://letsencrypt.org/stats.

5 由迈克尔·艾普特（Michael Apted）执导并由Jagged Films影业于2001年出品的电影《拦截密码战》（*Enigma*），讲述了第二次世界大战期间在英国布兰彻利公园工作的密码学家以及他们为解密恩尼格玛密码机（Enigma）所做努力的故事。在由萨姆·门德斯（Sam Mendes）执导并由哥伦比亚电影公司于2012年出品的电影《007：大破天幕杀机》（*Skyfall*）中，詹姆斯·邦德和他的技术大师Q博士对加密数据进行了一些令人印象深刻并有些难以置信的分析。由菲尔·奥尔登·罗宾森（Phil Alden Robinson）执导并由环球影城于1992年出品的电影《通天神偷》（*Sneakers*）可以说是一部超前的电影，讲述了两名学生入侵计算机网络并被卷入情报收集和能够破解密码设备的世界。

6 2015年开播，杰瑞·布鲁克海默（Jerry Bruckheimer）制作的电视剧《犯罪现场调查：网络》（*CSI*：*Cyber*），涉及调查网络犯罪的联邦调查局特工。它具有一些不寻常的密码学实践，包括将加密密钥存储为身体文身！2002年开播的《军情五处》（*Spooks*），也被称为“MI－5”，是一部虚构的关于情报官员的英国电视连续剧。其中几集的特色是代理人员必须理解加密数据，流露出能快速解密的非凡能力！

7 丹·布朗（Dan Brown）在他的几本书中都介绍了密码学，其中最著名的是圣马丁出版社于1998年出版的《数字城堡》（*Digital Fortress*），其描述了一台能够监视和破解所有已知加密技术的机器。有趣的是，在丹·布朗最著名的小说，由Doubleday出版的《达·芬奇密码》（*The Da Vinci Code*）中，突出描绘了一位密码学家，但该书本身并没有阐述任何密码学知识。

8 我的同事罗伯特·卡罗莱纳（Robert Carolina）认为，网络空间不是一个地方，而是一种交流媒介。他将网络空间和电视世界进行了比较，这是电视出现时用来描述人与新技术之间抽象联系的术语。就像“早上好，电视机前的每个人！”（1968年阿波罗7号机组人员首次从太空广播的开场白）今天对我们来说似乎是一个荒谬的问候，因此卡罗莱纳希望“网络空间”的概念最终会淡出人们的视野。我倾向于同意这一观点。

9 网络空间是一个很难定义的概念。小说家威廉·吉布森（William Gibson）首次使用该术语而广受赞誉，但现代定义往往是对计算机网络及数据的抽象描述。布里斯托大学的钱·墨菲博士在“加密战争2.0”（第三次跨CDT网络安全研讨会，牛津大学，2017年5月）上发表了更简洁的定义：“我不喜欢‘网络空间’这个词——我更喜欢电子产品。”

10 根据Miniwatts Marketing Group编著的《互联网世界统计报告》，全球网民占总人口的一半以上，可参见以下文献。

Miniwatts Marketing Group. Internet World Stats，2019－07－14. https：//www. internetworldstats. com/stats. htm.

11 2017 Norton Cyber Security Insights Report Global Results. Norton by Symantec，2018. https：//www. symantec. com/content/dam/symantec/docs/about/2017-ncsir-global-results-

en. pdf.

12 近半数组织声称遭受欺诈和经济犯罪，其中31%归因于网络犯罪，可参见以下文献。

Pulling Fraud Out of the Shadows：Global Economic Crime and Fraud Survey 2018. PwC，2018. https：//www. pwc. com/gx/en/services/advisory/forensics/economic-crime-survey. html.

13 这些是对无法测量的数量的离谱估计。然而，他们抓住了这样一种观点，即随着我们在网络空间中做更多的事情，也可以预见我们在网络空间中会受到更多欺骗。可参见以下文献。

2017 Cybercrime Report. Cybersecurity Ventures，2017. https：//cybersecurityventures. com/2015-wp/wp-content/uploads/2017/10/2017-Cybercrime-Report. pdf.

14 计算机恶意软件Stuxnet被用来攻击伊朗的纳坦兹铀浓缩厂，该厂从2010年年初开始走向衰败。这可以说是全球报道的第一个重要工业设施成为网络空间攻击受害者的例子。这一事件，除了激起有关国际政治和核危险的情绪，还为每个人敲响了警钟，即关键的国家基础设施越来越多地与网络空间相连。据调查，对纳坦兹的攻击并非直接来自互联网，而是来自受感染的USB存储设备。有关Stuxnet和纳坦兹的文章很多，可参见以下书籍。

KimZitter. *Countdown to Zero Day*：*Stuxnet*，*and the Launch of the World's First Digital Weapon*. Broadway，2015.

15 2014年11月，索尼影业遭受了大量网络攻击，导致员工机密信息泄露和数据丢失。攻击者要求索尼影业停止发行即将上映的关于朝鲜的喜剧电影。可参见以下文献。

Andrea Peterson. The Sony Pictures Hack，Explained. *Washington Post*，2014－12－18. https：//www. washingtonpost. com/news/the-switch/wp/2014/12/18/the-sony-pictures-hack-explained/？utm_term＝. b25b19d65b8d.

16 已被广泛报道的一种攻击漏洞是在密钥重新安装时暴露了WPA2协议，而这一协议是被用来加密保护Wi-Fi网络的安全协议，可参见以下文献。

Mathy Vanhoef. Key Reinstallation Attacks：Breaking WPA2 by Forcing Nonce Reuse，2018－10. https：//www. krackattacks. com.

17 ROCA攻击利用了由英飞凌科技制造的智能卡、安全令牌和其他安全硬件芯片使用的加密软件库中生成RSA密钥的漏洞，这导致私有解密密钥变得可恢复，可参见以下文献。

Petr Svenda. ROCA：Vulnerable RSA Generation（CVE-2017-15361）. https：//crocs. fi.

muni. cz/public/papers/rsa_ccs17.

18 据报道，熔断（Meltdown）和幽灵（Spectre）漏洞利用常用计算机芯片中的弱点，并于2018年1月影响了全球数十亿台设备，包括iPad平板电脑、iPhone手机和Mac电脑，可参见以下文献。

Meltdown and Spectre：All Macs，iPhones and iPads Affected. BBC，2018－01－05. http：//www. bbc. co. uk/news/technology-42575033.

19 WannaCry网络攻击通过安装勒索软件对计算机的磁盘进行加密，然后要求支付赎金才能解锁被困数据，从而使包括英国国家卫生服务局在内的许多旧计算机瘫痪。英国国家审计署后来公布了对该事件的详细调查以及如何预防，可参见以下文献。

Amyas Morse. Investigation：WannaCry Cyber Attackand the NHS. National Audit Office，2018－04－25. https：//www. nao. org. uk/report/investigation-wannacry-cyber-attack-and-the-nhs.

20 詹姆斯·科米（James Comey）成为网络安全界的传奇人物，因为他对加密技术的使用妨碍执法感到焦虑。在2014年9月的一份声明中，他表示担心各种移动设备上的加密服务升级，可参见以下文献。

Ryan Reilly. FBI Director James Comey "Very Concerned" about New Apple，Google Privacy Features. *Huffington Post*，2014－09－26. http：//www. huffingtonpost. co. uk/entry/james-comey-apple-encryption_n_5882874.

据报道，在2015年5月的一份声明中，詹姆斯·科米对加密技术的使用感到更焦虑，可参见以下文献。

Lorenzo Franceschi-Bicchierai. Encryption Is "Depressing"，the FBI Says. *Vice Motherboard*，2015－05－25. https：//motherboard. vice. com/en_us/article/qkv577/encryption-is-depressing-the-fbi-says.

21 不管你喜欢他还是厌恶他，爱德华·斯诺登的启示都非常有影响力，当我稍后考虑使用密码造成的困境时，我将更详细地讨论这件事带来的启示。

22 戴维·卡梅伦对自己的问题的回答是："不，我们不能。"这句话被广泛解读为提议禁止使用加密技术，可参见以下文献。

James Ball. Cameron Wants to Ban Encryption—He Can Say Goodbye to Digital Britain. *Guardian*，2015－01－13. https：//www. theguardian. com/commentisfree/2015/

jan/13/cameron-ban-encryption-digital-britain-online-shopping-banking-messaging-terror.

23 乔治·布兰迪斯（George Brandis）在五眼情报联盟会议之前宣布了这一消息，可参见以下文献。

Chris Duckett. Australia Will Lead Five Eyes Discussions to "Thwart" Terrorist Encryption: Brandis. ZDNet, 2017 - 06 - 26. https://www.zdnet.com/article/australia-will-lead-five-eyes-discussions-to-thwart-terrorist-encryption-brandis.

24 Kieren McCarthy. Look Who's Joined the Anti-encryption Posse: Germany, Come On Down. *Register*, 2017 - 06 - 15. https://www.theregister.co.uk/2017/06/15/germany_joins_antiencryption_posse.

25 Attorney General Sessions Delivers Remarks to the Association of State Criminal Investigative Agencies 2018 Spring Conference. US Department of Justice, 2018 - 05 - 17. https://www.justice.gov/opa/speech/attorney-general-sessions-delivers-remarks-association-state-criminal-investigative.

26 扎伊德·拉阿德·侯赛因表示："加密工具在世界范围内被广泛使用，包括人权捍卫者、公民社会、记者、举报人、面临迫害和骚扰的持不同政见者，以及需要加密和匿名才能表达意见的推动者。他们认为没有加密工具，生命可能会受到威胁，这既不是幻想也不是夸大其词。在最坏的情况下，政府侵入其公民手机的能力可能会造成对行使基本人权的个人的迫害。"可参见以下文献。

Apple-FBI Case Could Have Serious Global Ramifications for Human Rights: Zeid. UN Human Rights Office of the High Commissioner, 2016 - 04 - 04. http://www.ohchr.org/EN/NewsEvents/Pages/DisplayNews.aspx?NewsID=17138.

27 The Historical Background to Media Regulation. University of Leicester Open Educational Resources, 2019 - 06 - 10. https://www.le.ac.uk/oerresources/media/ms7501/mod2unit11/page_02.htm.

28 英国前内政大臣安伯·拉德（Amber Rudd）在2017年10月对这个问题的态度非常开放，当时她表示："我不需要了解加密机制是如何工作的，也能了解它是如何帮助端到端加密的犯罪分子的。"可参见以下文献。

Brian Wheeler. Amber Rudd Accuses Tech Giants of "Sneering" at Politicians. BBC, 2017 - 10 - 02. http://www.bbc.co.uk/news/uk-politics-41463401.

29 有许多关于密码学历史的迷人书籍。西蒙·辛格（Simon Singh）编写并由 Fourth Estate 出版社于1999年出版的《密码故事》（*The Code Book*）是最容易理解的书之一。描述密码学历史最为经典的书仍然是戴维·卡恩（David Kahn）编写并由 Scribner 出版社于1997年出版的《破译者》（*The Codebreakers*）。其他题材的作品还包括 Charles River Editors 编写并由 CreateSpace 出版平台于2016年出版的《二战密码学》（*World War II Cryptography*）；克雷格·P. 鲍尔（Craig P. Bauer）编写并由普林斯顿大学出版社于2017年出版的《未解之谜！》（*Unsolved!*）；亚历山大·达加佩耶夫（Alexander D' Agapeyeff）编写并由 Hesperides 出版社于2015年出版的《代码和密码：密码学的历史》（*Codes and Ciphers: A History of Cryptography*）；斯蒂芬·平考克（Stephen Pincock）编写并由 Walker 出版社于2006出版的《破译者：从古埃及法老到量子时代的密码史》（*Codebreaker: The History of Codes and Ciphers*）。马克·弗拉里（Mark Frary）编写并由 Modern Books 出版社于2017年出版的《破译：有史以来最伟大的密码以及如何破解它们》（*Decipher: The Greatest Codes Ever Invented and How to Break Them*），这本书按时间顺序调查了许多历史代码和密码。还有史蒂文·利维（Steven Levy）编写并由企鹅出版社于2000年出版的《加密：新冷战中的保密和隐私》（*Crypto: Secrecy and Privacy in the New Cold War*），这本书记录了20世纪末与密码学有关的美国政治事件。

30 关于密码学难题，可参见以下书籍。

The GCHQ Puzzle Book. GCHQ, 2016.

Bud Johnson. *Break the Code*. Dover, 2013.

Laurence D. Smith. *Cryptography: The Science of Secret Writing*. Dover, 1998.

第一章　网络空间安全

1 许多国家的货币当局都提供货币安全特征的细节以便开展假币识别工作。这些货币的安全特征都与货币的质感和外观有关。可参见以下文献。

The New 12-Sided 1 Coin. Royal Mint, 2019-06-10. https://www.royalmint.com/new-pound-coin.

Take a Closer Look: Your Easy to Follow Guide to Checking Banknotes. Bank of England, 2019

–06 – 10. https：//www. bankofengland. co. uk/-/media/boe/files/banknotes/take-a-closer-look. pdf，2019 –06 –10.

Dollars in Detail：Your Guide to U. S. Currency. U. S. Currency Education Program，2019 –06 – 10. https：//www. uscurrency. gov/sites/default/files/downloadable-materials/files/CEP_Dollars_In_Detail_Brochure_0. pdf.

2 英国通用制药委员会为药学专业人士制定标准。标准六是"药学专业人士必须以专业的方式行事"，包括礼貌和体贴，富有同理心和同情心，尊重他人并维护他人的尊严。可参见以下标准。

Standards for Pharmacy Professionals. General Pharmaceutical Council，2017 – 05. https：//www. pharma cyregulation. org/sites/default/files/standards_for_pharmacy_ professionals_may_2017_0. pdf.

3 人们对于事件影响的评估并不总是准确的，因为许多危险，例如商业航空事故所带来的影响，往往在人们的头脑中被高估；而其他一些事件，例如空气污染对环境所造成的负面影响，则经常被严重低估。

4 2016 年，在英国，与银行卡刷卡、电子银行及支票相关的金融诈骗总额为 7. 688 亿英镑。可参见以下文献。

Fraud：The Facts，2017. Financial Fraud Action UK，2017 . https：//www. financialfraudaction. org. uk/ fraudfacts17/assets/fraud_the_facts. pdf.

5 Stefanie Hoehl，et al. Itsy Bitsy Spider. . . ：Infants React with Increased Arousal to Spiders and Snakes. Frontiers in Psychology，8 (2017)：1710.

6 9/11 Commission Staff Statement No. 16. 9/11 Commission，2004 – 06 – 16. https：//www. 9-11commission. gov/staff_statements/staff_statement_16. pdf.

7 卢里塔尼亚王国是一个中欧的虚构国家，是安东尼·霍普于 1894 年出版的小说《曾达的囚徒》中虚构的背景。我在这里使用卢里塔尼亚来指代一个常规国家，以避免直接使用现实中存在的国家名称造成外交问题。这种做法是受到我的同事罗伯特·卡罗莱纳在他的网络法律课程中采用卢里塔尼亚指代常规国家的启发。

8 关于如何检测具有欺诈意图的诱导式电子通信的建议越来越多。可参见以下文献。

Protecting Yourself. Get Safe Online，2019 –06 –10. https：//www. getsafeonline. org/protecting-yourself.

9 间谍软件是指，在计算机用户毫不知情的情况下，收集和利用与其有关信息的软件。此类软件包括用于跟踪用户计算机活动的软件，向用户投放广告的跟踪软件，以及向第三方报告所有活动（包括敲键盘等用户操作行为）的监控软件。

10 对网络空间运行机制理解的匮乏给个人用户带来了一些困扰，但从社会层面来看，这可能是一个会长期存在的问题。英国政府及英国下议院科技委员会在名为《数字技能危机》（Digital Skills Crisis）的报告中强调了公民数字技能低下所产生的经济成本，同时指出需要大力提升中小学、高等教育阶段以及在职教育中的数字技能培训权重。可参见以下文献。

Digital Skills Crisis. UK House of Commons Science and Technology Committee, 2016 – 06 – 07. https://publications. parliament. uk/pa/cm201617/cmselect/cmsctech/270/270. pdf.

11 2010 年，一个名为“Please Rob Me”的荷兰网站通过结合社交媒体和移动定位应用程序来生成闲置房屋的可能地址，引发了一些争议。该网站声称其意图是让用户能够了解闲置房屋的相关信息，但大多数公众谴责该行为是不负责任的。尽管“Please Rob Me”这个工具已不复存在，但 2010 年以来，具备定位功能的应用程序的数量大幅增长，通过数据源以准确定位的能力大大增强。可参见以下文献。

Jennifer van Grove. Are We All Asking to Be Robbed. Mashable, 2010 – 02 – 17. https://mashable. com/2010/02/17/pleaserobme.

12 作为一个例子，2016 年，一个名为“Avalanche”的平台被国际执法机构取缔。“Avalanche”平台的运营主体位于东欧，运营着一个由非信任源的计算机系统组成的网络，不法分子可以利用其从事包括网络钓鱼、垃圾邮件、勒索软件和远程攻击在内的各种网络犯罪活动。据估计，在最高峰时，大约有 50 万台计算机被“Avalanche”平台所控制。可参见以下文献。

Warwick Ashford. UK Helps Dismantle Avalanche Global Cyber Network. *Computer Weekly*, 2016 – 12 – 02. http://www. computerweekly. com/news/450404018/UK-helps-dismantle-Avalanche-global-cyber-network.

13 民主德国国家安全部（Stasi），是当时民主德国建立的情报网络。Stasi 组织超过 25 万东德公民参与了该间谍网络，旨在监控所有持不同政见者的活动迹象。

14 暂停片刻，思考一下你的手机、搜索引擎和社交媒体提供商从你与其交互而产生的数据中窥探你日常活动的能力。让我们想象一下，如果这些产品和服务提供商相互之间分享这些数据和信息，它们将会更多地窥探用户隐私和日常活动。退一步来讲，如果用户在搜索引擎中输入“员工监控”，搜索引擎将会根据用户行为和偏好自动补充相关信息，而这些信息可能会对用户造成干扰。

15 密码学支持所有形式的金融交易，包括使用自动取款机（ATM）、借记卡、信用卡，以及通过国际资金清算系统（SWIFT）进行的交易。1997 年以来，每年举办一次的金融密码学和数据安全会议，始终致力于为使用密码学方法保护金融交易和创新数字货币的理论和实践做出积极贡献，参见网址：https：//ifca. ai。

第二章　密钥与算法

1 诚然，如今采用物理介质的介绍信相对较少。但是，我们仍然严重依赖书面材料来进行工作申请等事项。事实上，从某种意义上来说，现实世界中的安全取决于我们信任的人对其周围事物的看法。例如，一个陌生人可能是朋友介绍给我们的。这就类似于一封口头的“介绍信”，而朋友对陌生人的看法将在一定程度上影响我们对待陌生人的态度。

2 魔法咒语“芝麻开门”来自阿拉伯民间故事集《一千零一夜》中的《阿里巴巴和四十大盗》的故事。这个故事可以追溯到 8 世纪阿拉伯帝国的生活叙事。

3 值得注意的是，键盘字符“9”在 ASCII 中被标记为第 57 个键盘字符，因此键盘字符“9”通常被表示为“57”的二进制形式，而不是十进制数字“9”的二进制形式。这虽然可能会令人产生困惑，但从编码逻辑来看是合理的。

4 密钥长度有时也被称为密钥大小。我将这两个术语视为同义词。

5 全球移动电话用户数超过 50 亿。可参见以下文献。

The Mobile Economy 2019. GSM Association. https：//www. gsma. com/mobileeconomy.

6 这个例子是基于宇宙中大约 10^{22} 颗恒星形成的图景。恒星数量统计不是一门精密科学，因为这个数字只能通过现有观测技术观察到的恒星数量进行近似估计。根据最新估计，宇宙中的恒星数量接近 10^{24} 颗。虽然这个数字已经很大了，但仍有许多专家认为这个数字被低估了。可参见以下文献。

Elizabeth Howell. How Many Stars Are in the Universe. *Science & Astronomy*, 2017 – 05 – 18. https：//www. space. com/26078-how-many-stars-are-there. html.

但计算加密密钥的数量是一个精确的过程！

7 个人识别码（PIN）一词往往用于由数字组成的短密码。该术语可以追溯到 20 世纪 60 年代后期诞生的 ATM。在特定场景中，密码和个人识别码实际上是同一概念，即由秘密字符组成的字符串。

8 实际上，这个过程通常涉及加密，因为大多数计算机不存储密码副本，而是存储一种依据加密规则由密码转换成的特殊类型的值。

9 当我们向 ATM 提交个人识别码时，我们相信 ATM 不会滥用它。然而，有一些犯罪分子对 ATM 进行改装以窃取卡片信息及个人识别码，例如在 ATM 的键盘上覆盖一层假键盘。这类行为被称为"ATM 窃密攻击"（ATM skimming）。

10 一种实现方法是使用基于密码的密钥推导函数（PBKDF2），该函数的原理及实现方法可参见以下文献。

PKCS #5：Password-Based Cryptography Specification Version 2. 1. Internet Engineering Task Force，2017 – 01. https：//tools. ietf. org/html/rfc8018.

11 *The Oxford English Dictionary*. Oxford Dictionaries，2019. https：//languages. oup. com/oed.

12 黛博拉·J. 本内特（Deborah J. Bennett）撰写并由哈佛大学出版社于 1998 年出版的《随机性》（*Randomness*）对此进行了介绍。

13 实际上，通常随机生成的密钥也是由某种加密算法得出的。

14 一个优秀的加密算法要求确保输入和输出之间的不可区分性。

15 基于自主加密算法的安防产品，通常被密码学家戏称为"万灵油"（snake oil）。可参见以下文献。

Bruce Schneier. Snake Oil. *Grypto-Gram*，1995 – 02 – 15. https：//www. schneier. com/crypto-gram/archives/1999/0215. html#snakeoil.

16 对于不应用于公共领域的应用程序，这并不适用。只要政府机关掌握了足够的密码学知识，那么政府机关选择为其内部用途设计一种自主加密算法是完全合理的。

17 为了支持公共技术的发展，在过去的数十年间，开放加密标准的发展促进了加密技术从保密到公开的明显转变。

18 在公共技术领域有不少保密加密算法已经通过逆向工程成功实施。例如，全球移动通信系统（GSM）标准中使用的加密算法"A5/1"就是通过逆向工程实施的。

19 Auguste Kerckhoffs. La cryptographie militaire. *Journal des sciences militaires*（January

1883): 5 -83; and (February 1883): 161 -191.

该原则的英语版本可参见以下文献。

Fabien Petitcolas. Kerckhoffs' Principles from "La cryptographie militaire", 2019 -06 -10. http://petitcolas.net/kerckhoffs.

20 用于保护移动网络业务的加密算法在20世纪90年代提出的GSM标准中是被严格保密的，但在近期的标准迭代中，例如2008的LTE（长期演进）网络标准，这些加密算法已经被公开了。

21 尽管长期以来一直存在呼吁可口可乐公司公开关键配方的声音，但截至目前，可口可乐关键配方中的7种成分（Merchandise 7X）仍然是一个商业秘密。可参见以下书籍。

William Poundstone. *Big Secrets.* William Morrow, 1985.

第三章　保密和加密

1 每个人都需要在一定程度上遵守保密原则，因为每个人都有一些不希望他人知道的事情。有一个经常被重复的观点，即如果你没有什么可隐瞒的，那你也不会担心政府实施的监控计划。关于对这一观点的批判，可参见以下书籍。

Daniel J. Solove. *Nothing to Hide.* Yale University Press, 2011.

David Lyon. *Surveillance Studies: An Overview.* Polity Press, 2007.

2 Eric Hughes. A Cypherpunk's Manifesto, 1993 -03 -09. https://www.activism.net/cypherpunk/manifesto.html.

3 我使用"不应当被完全信任"这个短语来表达对可信设备和网络的谨慎态度，并不代表长期存在的对信息安全问题的偏执负面态度。最为重要的是，我们永远无法确定我们的设备和网络是安全的（如被安装恶意软件），因此，"不应当被完全信任"的谨慎态度是合理的。

4 这个论述是存在一定争议的。与通信相关的元数据对调查人员开展调查行动非常有用，但同时也应确保调查人员不能获取具体通信内容。实际上，爱德华·斯诺登披露的有关美国国家安全局（NSA）从其电信提供商威瑞森通信公司（Verizon）收集元数据的事件，就证明了此类元数据的效用。可参见以下文献。

Glenn Greenwald. NSA Collecting Phone Records of Millions of Verizon Customers Daily.

Guardian, 2013－06－06. https：//www. theguardian. com/world/2013/jun/06/nsa-phone-records-verizon-court-order.

5 以下这本书对隐写术做了比较好的介绍。

Peter Wayner. *Disappearing Cryptography*：*Information Hiding*：*Steganography & Watermarking*. MK/Morgan Kaufmann, 2009.

6 将隐写术用于攻击其他计算机的一些真实示例，请参见以下文献。

Ben Rossi. How Cyber Criminals Are Using Hidden Messages in Image Files to Infect Your Computer. *Information Age*, 2015－07－27. http：//www. information-age. com/how-cyber-criminals-are-using-hidden-messages-image-files-infect-your-computer-123459881.

7 这类应用程序经常被讨论，并且在互联网上很容易找到关于其如何被部署的建议。可参见以下文献。

Krintoxi. Using Steganography and Cryptography to Bypass Censorship in Third World Countries. *Cybrary*, 2015－09－05. https：//www. cybrary. it/0p3n/steganography-and-cryptography-to-bypass-censorship-in-third-world-countries.

但没有太多证据表明这类应用程序已被广泛部署。原因可能与“9·11”事件后，一些机构和个人指责恐怖分子大量使用隐写术来支持恐怖袭击有关。可参见以下文献。

Robert J. Bagnall. Reversing the Steganography Myth in Terrorist Operations：The Asymmetrical Threat of Simple Intelligence Dissemination Techniques Using Common Tools. SANS Institute, 2002. https：//www. sans. org/reading-room/whitepapers/stenganography/reversing-steganography-myth-terrorist-operations-asymmetrical-threat-simple-intellig-556.

事实上，自上述这篇文献发表以来，加之斯诺登事件，旨在避免受到政府监控的安全通信方法的使用范围已经扩大。

8 埃特巴什码（Atbash Cipher）是一种通过逆序方式打乱希伯来语字母排序的古老方法（实际上，“Atbash”这个单词来自希伯来语字母表中第一个和最后一个字母的组合）。一些评论家认为，《圣经·旧约》的耶利米书在部分内容中采用了埃特巴什码进行叙事。可参见以下文献。

Paul Y. Hoskisson. Jeremiah's Game. *Insight*, 2019－07－21. https：//publications. mi. byu. edu/publications/insights/30/1/S00001-30-1. pdf.

9 有关莫尔斯电码的简要历史和规范，可参见《大英百科全书》中的词条“莫尔斯电码”（Morse Code）。

10 有关破译埃及象形文字的历史，可参见以下这本书。

Andrew Robinson. *Cracking the Egyptian Code: The Revolutionary Life of Jean-Francois Champollion.* Thames and Hudson, 2012.

11 Dan Brown. *The Da Vinci Code.* Doubleday, 2003.

12 大多数现代加密技术的使用还伴随着独立的密码审查，这使得接收者能够检测出加密内容是否曾经被修改过。此外，加密和密码审查这两个过程相互交织，通过使用特殊的认证加密算法为两者提供密码服务。

13 我的密码学同事史蒂文·加尔布雷斯（Steven Galbraith）则完全不同意这种观点。他认为图灵足够聪明，如果有人向他提出非对称加密的想法，图灵可能会回答：“是的，当然！”

14 这种加密算法由吉奥万·巴蒂斯塔·贝拉索（Giovan Battista Bellaso）于1553年发明，并被命名为布莱斯·德·维吉尼亚（Blaise de Vigenère）算法。当时人们普遍认为，维吉尼亚密码是无懈可击的。但只要确定了密钥的长度，这种密码就相对容易破解——这一过程可以通过密文的统计分析来进行。关于这种加密算法及破解方法的阐述，可参见以下这本书。

Simon Singh. *The Code Book.* Fourth Estate, 1999.

15 有关恩尼格玛密码机的历史及后续发展的更多详细资料，可参见以下这本书。

Hugh Sebag-Montefiore. *Enigma: The Battle for the Code.* Weidenfeld & Nicolson, 2004.

16 数据加密标准（DES）经过多次修订，最终于2005年撤销。该标准现存的最新修订版参见以下网址。

Data Encryption Standard (DES), Federal Information Processing Standards. FIPS Publication 46, 1977 – 01. https://csrc.nist.gov/csrc/media/publications/fips/46/3/archive/1999-10-25/documents/fips46-3.pdf.

17 三重DES加密本质上是使用DES生成的第1个密钥进行数据加密，用第2个密钥进行解密，然后用第3个密钥对结果进行加密（注：三重DES解密则遵循相反的流程）。尽管三重DES加密及解密技术最初被用于DES的快速升级，但随后其应用范围大幅扩展，尤其是在金融领域。关于部署三重DES加密及解密技术的详细信息和建议，可参见以下文献。

Elaine Barker, Nicky Mouha. Recommendation for the Triple Data Encryption Standard (TDEA) Block Cipher. National Institute of Standards and Technology, NIST Special Publication 800－67, rev. 2, 2017－11. https://doi.org/10.6028/NIST.SP.800-67r2.

18 Specification for the Advanced Encryption Standard (AES). Federal Information Processing Standards FIPS Publication 197, 2001－11－26. https://nvlpubs.nist.gov/nistpubs/fips/nist.fips.197.pdf.

19 关于高级加密标准（AES）演化进程的历史概述，包括相关文档，可参见以下文献。

AES Development. NIST Computer Security Resource Center, 2018－10－10. https://csrc.nist.gov/projects/cryptographic-standards-and-guidelines/archived-crypto-projects/aes-development.

20 AES 的所有操作都是在字节矩阵上进行的，用于开发 AES 的原始加密算法被称为 Square（矩阵）并非偶然。

21 AES 的设计过程持续了近4年，经过3轮专门会议的激烈讨论，最终将15个候选方案融合为一个最终方案。关于 AES 设计的细节记录，可参见以下书籍。

Joan Daemen, Vincent Rijmen. *The Design of Rijndael*. Springer, 2002.

22 这里暗含的密码名字包括熊密码（BEAR）、河豚密码（Blowfish）、眼镜蛇密码（Cobra）、螃蟹密码（Crab）、青蛙密码（FROG）、特级园密码（Grand Cru）、雄狮密码（LION）、洛基密码（LOKI）、红派克密码（Red Pike）、蛇密码（Serpent）、鲨鱼密码（SHARK）、鲣鱼密码（Skipjack）、双鱼密码（Twofish）和三鱼密码（Threefish）。

23 美国国家标准与技术研究院（NIST）提供了一组运行模式的推荐列表，包括仅提供机密性的密码块链接（CBC）、密文反馈（CFB）、电子密码本（ECB）、输出反馈（OFB）等模式，仅用于身份验证的基于密码的消息验证码（CMAC）模式，用于认证加密的带有密码块链接消息验证码的计数器（CCM）、伽罗瓦计数器（GCM）等模式，用于磁盘加密的带有密文窃取功能的基于异或加密（XEX）的调整编码本模式（XTS），以及用于加密密钥保护的密钥包装（KW）、具备填充功能的密钥包装（KWP）等模式。可参见以下文献。

Block Cipher Techniques: Current Modes. NIST Computer Security Resource Center, 2019－05－17. https://csrc.nist.gov/Projects/Block-Cipher-Techniques/BCM/Current-Modes.

24 这并不完全是先有鸡还是先有蛋的难题，因为使用加密技术并将密钥分发给他人是唯一可行方式，这是最容易理解的方法，也是实践中最常用的手段。

25 Wi-Fi 网络安全的演进是一段曲折的历史。IEEE 802.11 系列涵盖了主要的安全标准，这些标准有效限制了对授权设备的访问，并使 Wi-Fi 网络上的通信能够被加密。其他相关标准，如 Wi-Fi 保护设置（WPS），旨在使 Wi-Fi 网络的密钥初始化更加容易。

第四章　与陌生人分享秘密

1 Internet Live Stats. Total Number of Websites, 2019 – 06 – 10. http：//www. internetlivestats. com/total-number-of-websites.

2 用于密钥分发的可信中心场景可以在中心化且具有可信节点的环境中很好地运行。例如，应用 Kerberos 协议的网络身份验证系统就以这种方式运行。可参见以下文献。

MIT Kerberos. Kerberos：The Network Authentication Protocol. 2019 – 01 – 09. https：//web. mit. edu/kerberos.

3 网络上有很多关于如何使用挂锁技术交换秘密信息的介绍视频。可参见以下视频。

Chris Bishop. Key Exchange. YouTube, 2009 – 06 – 09. https：//www. youtube. com/watch?v = U62S8SchxX4.

4 适用于非对称加密的函数有时也被称为“单向陷门函数”（trapdoor one-way function）。“单向”是指它必须易于计算但难以被攻击者进行逆向解析，而“陷门”则表示必须有一种方法让真正的信息接收者能够通过逆向解析获取原始信息。

5 计算复杂性理论关注的是如何根据实现难度对计算进行分类。可参见以下教科书。

John Talbot, Dominic Welsh. *Complexity and Cryptography*：*An Introduction*. Cambridge University Press, 2006.

6《素数的音乐》（*the Music of the Primes*：*Why an Unsolved Problem in Mathematics Matters*）阐述了关于素数研究的历史以及为什么相关研究不仅对数学而且对其他领域也有重大意义。

7 Ron Rivest, Adi Shamir, and Len Adleman. A Method for Obtaining Digital Signatures and Public-Key Cryptosystems. *Communications of the ACM*, 1978, 21（2）：120 – 126.

8 关于世界上最快的超级计算机，可参见以下列表。

TOP500 Lists. TOP500. org, 2019 – 07 – 21. https：//www. top500. org/lists/top500.

9 23 189 是自然数列中的第 2 587 个素数。如果你不相信并且不想自己算一遍，可参见以下网址。

Andrew Booker. The Nth Prime Page, 2019 – 06 – 10. https：//primes. utm. edu/nthprime.

10 美国国家标准与技术研究院的建议是，2030 年以前，将使用长度超过 3 000 比特的两个素数的乘积来保护数据。可参见以下文献。

Recommendation for Key Management. National Institute of Standards and Technology, NIST Special Publication, 2016：800 – 857.

11 了解 RSA 的工作原理所需的数学知识包括对模形式与费马大定理的基本理解，对于任何学习过数论导论的人都应该很熟悉这两者。许多介绍密码学的教科书也阐述了了解该问题所需的基本数学知识，可参见以下教科书。

Keith M. Martin. *Everyday Cryptography*, 2nd ed. Oxford University Press, 2017.

12 这句话将略显滑稽的推测与一些事实相结合。实际上，这与传统计算机分解这种长度的素数所需的时间有关。据计算，这种素数分解将花费大约 5 000 亿年，与搜索 128 比特密钥的时间相同。当然，我猜想智人也许不会存在那么长时间。目前已知智人存在了大约 30 万年，基于这一点预测遥远的未来只能靠猜想。关于人类这一物种未来存在的可能性，可参见以下文献。

Jolene Creighton. How Long Will Take Humans to Evolve? What Will We Evolve Into. *Futurism*, 2013 – 12 – 12. https：//futurism. com/how-long-will-take-humans-to-evolve-what-will-we-evolve-into.

13 关于如何将块密码按照使用频率进行分类的方法，可参见维基百科中的“块密码”（block cipher）词条。

14 量子计算机带来的挑战促使国际社会努力寻找非对称加密算法，然而这一过程涉及的候选算法也仅基于几个有本质区别的问题，可参见以下文献。

Post-quantum Cryptography. NIST Computer Security Resource Center, 2019 – 06 – 03. https：//csrc. nist. gov/Projects/Post-Quantum-Cryptography.

15 非对称加密（公钥）的发展史令人着迷。最早的探索应归功于英国政府通信总部（GCHQ）的研究人员，他们致力于寻求在网络中分发密钥的方案。非对称加密背后的基本理念是由詹姆斯·埃利斯（James Ellis）在 1969 年的一份文件中提出的，但直到1973年才由克利福德·柯克斯（Clifford Cocks）提出了一个实例化方案。然而，这些研究成果直到1997年才被公开。与此同时，关于公共空间的研究也经历了类似的进程，惠特菲尔德·迪菲（Whitfield Diffie）和马丁·赫尔曼（Martin Hellman）在1976年提出了公共空间的概念，随后才有许多研究人员提出了实例化方案，例如莱维斯特（Rivest）、沙米尔（Shamir）和阿德尔曼（Adleman）在1977年制定的RSA算法。更多信息，可参见以下文献。

James Ellis. The History of Non-secret Encryption. *Cryptologia*, 1999, 23 (3): 267 – 273.

Whitfield Diffie, Martin Hellman. New Directions in Cryptography. *IEEE Transactions on Information Theory*, 1976, 22 (6): 644 – 654.

Steven Levy. *Crypto: Secrecy and Privacy in the New Cold War.* Penguin, 2000.

16 虽然在模数上分解和查找离散对数也被普遍认为是困难的，但在椭圆曲线上找到离散对数更难，这使得基于椭圆曲线的加密密钥比RSA密钥更短。椭圆曲线背后的数学原理对于有数学基础的人来说是易于理解的，但对于更多的人来说则难以理解。大多数对密码学的数学原理介绍都有助于建立你的数学基础，可参见以下书籍。

Douglas R. Stinson, Maura B. Paterson. *Cryptography: Theory and Practice*, 4th ed. CRC Press, 2018.

17 关于这个问题的一个证据确凿的案例是一次网络攻击，在此次网络攻击中，30万名伊朗公民认为他们正在通过计算机与谷歌的Gmail服务器进行通信，实际上他们被分发了将他们链接到攻击站点的替代公钥，随后攻击者则通过这一漏洞监视他们的通信。此次网络攻击发生的导火索是DigiNotar公司发布了经过认证的公钥，而实际上该公司本身被黑客入侵，这些黑客通过该公司创建了欺骗伊朗Gmail用户的公钥。关于这个案例，可参见以下文献。

Gregg Keizer. Hackers Spied on 300 000 Iranians Using Fake Google Certificate. *Computerworld*, 2011 – 09 – 06. https://www.computerworld.com/article/2510951/cybercrime-hacking/hackers-spied-on-300-000-iranians-using-fake-google-certificate.html.

18 由英国霍加斯出版社于1959年出版的洛瑞·李（Laurie Lee）的标志性小说《罗西和苹果酒》（*Cider with Rosie*）取材于作者本人20世纪20年代的童年，描述了在摩托车等革命性技术诞生之前的英国乡村生活。它体现了一种逐渐逝去的乡村田园诗般的生活，在这种生活中既没有时间的压力，也无须与外界频繁联系。

19 重要的互联网标准均使用了混合加密技术，其中传输层安全性协议（TLS）用于实现安全网络通信，互联网安全协议（IPSec）用于建立虚拟专用网络以支持居家办公等活动，安全外壳协议（SSH）用于保障文件安全传输，安全多功能因特网邮件扩展（S/MIME）则用于保障电子邮箱及邮件往来的安全性。

20 美国加德纳咨询公司在研究分析中通常采用一种名为“加德纳炒作周期”（Gartner Hype Cycle）的极简方法，以跟踪对新技术的预期。加德纳炒作周期的特点是早期出现夸大且通常缺乏有效信息支撑的技术曲线高峰，随着在实施过程中遇到一些现实困难导致技术曲线开始迅速下降，然后技术的真正价值慢慢得到挖掘，技术曲线也开始逐步上升。非对称加密技术现在可能已经达到“生产高峰”，其优缺点已被充分理解，该技术也实现了较为妥当的部署。关于加德纳炒作周期，可参见以下文献。

Gartner Hype Cycle，2019 – 06 – 10. Gartner，https：//www. gartner. com/en/research/methodologies/gartner-hype-cycle.

第五章　数据完整性

1 认知心理学研究表明，当面对等量的收益和损失时，大多数人宁可选择避免损失，也不愿获得等量的收益。这一现象被称为“损失厌恶”，可参见以下书籍。

Daniel Kahneman. *Thinking Fast and Slow*. Penguin，2012.

2 值得注意的是，数据完整性只与检测错误有关，而不是纠正错误。被称为纠错码的离散数学技术在一定程度上实现了自动纠错。这一技术通常不被视为安全技术，该技术被用于预期会出现错误但用户不想被告知错误发生的应用程序，例如用于收听数字音乐的应用程序。

3 直到20世纪80年代中期，英国和其他国家的矿工通常使用鸟类检测有毒气体。这种做法最终被数字探测器所取代，可参见以下文献。

Kat Eschner. The Story of the Real Canary in the Coal Mine. *Smithsonian*，2016 – 12 – 30. https：//www. smithsonianmag. com/smart-news/story-real-canary-coal-mine-180961570.

4 假新闻一词经常与唐纳德・特朗普（Donald Trump）联系在一起，他在竞选总统期间用这个词来描述负面新闻报道。然而，有意识的传播信息（无论是准确或不准确的）是一项古老的技艺。与我们讨论的问题相关的是，数字媒体使分发此类信息变得更加容易和快捷。

5 有证据表明，当假新闻通过数字媒体传播时，人们在辨别新闻的真假时会遇到更多困难，可参见以下文献。

Simeon Yates. Fake News：Why People Believe It and What Can Be Done to Counter It. *Conversation*，2016－12－13. https：//theconversation. com/fake-news-why-people-believe-it-and-what-can-be-done-to-counter-it-70013.

6 可参见 Lexico 词典对“完整性”（Integrity）的定义，网址：https：//www. lexico. com/en/definition/integrity。

7 值得注意的是，转介的信任关系很快就会消失。如果你信任你的朋友查理，而查理又信任他的朋友黛安，那么你会在多大程度上信任黛安？也许你会在某些特定的事情上信任她，但你不太可能信任黛安的其他朋友。这种转介的信任关系会迅速弱化。随着转介次数的递增，信任的消退对网络空间也会产生潜在影响。例如，社交媒体的热情用户可以迅速聚集成所谓的“朋友”。

8 MD5 算法是罗纳德·莱维斯特（即 RSA 的“R”）在 1991 年发明的加密哈希函数。它的输出值是 128 比特的二进制数。关于 MD5 算法，可参见以下文献。

The MD5 Message-Digest Algorithm. Internet Engineering Task Force，1992－04. https：//tools. ietf. org/html/rfc1321.

值得注意的是，MD5 算法存在严重缺陷，可参见以下文献。

Updated Security Considerations for the MD5 Message-Digest and the HMAC-MD5 Algorithms. Internet Engineering Task Force，2011－03. https：//tools. ietf. org/html/rfc6151.

9 为此目的使用印章的历史与人类文明本身一样古老，用于在黏土中留下印记的古代石质印章是历史学家的重要考古文物，可参见以下书籍。

Marta Ameri，et al. *Seals and Sealing in the Ancient World*. Cambridge University Press，2018.

10 国际标准书号（ISBN）于 1970 年首次开发，由 13 位数字组成，包括原产国和图书出版商的标识符。读者可以在 ISBN Search 网站输入国际标准书号以获取图书的详细信息，网址：https：//isbnsearch. org。

11 这些示例中大多数使用的是以汉斯·彼得·卢恩（Hans Peter Luhn）命名的算法，他在 1960 年获得专利授权。用于计算校验位的卢恩算法（Luhn Algorithm）与用于 ISBN 的算法类似但又有所不同，可参见维基百科“卢恩算法”词条。

12 令人困惑的是，哈希函数一词在计算机科学领域中可用于多种目的。我将把我对这个术语的使用限制在“加密哈希函数”的范围内。

13 前面提到的 MD5，常用于下载文件的完整性检查。使用哈希函数的其他实例包括“SHA－1”“SHA－2”“SHA－3 系列”，后者在 2015 年美国国家标准与技术研究院举办的国际竞赛中获奖，可参见以下文献。

US National Institute of standards and Technology：Hash Functions. NIST Computer Security Resource Center，2019－05－03. https：//csrc. nist. gov/Projects/Hash-Functions.

14 问题的关键不在于加密原理及其基本思想，而在于哈希函数的设计方式。大体来讲，通过哈希函数对数据进行加密的方法通常是分批次输入数据和压缩的过程交替进行。因此，将密钥附加至数据末尾并不会使密钥与数据混同。

15 HMAC：Keyed-Hashing for Message Authentication. Internet Engineering Task Force，1997－02. https：// tools. ietf. org/html/rfc2104.

16 The AES-CMAC Algorithm. Internet Engineering Task Force. 2006－06. https：//tools. ietf. org/html/rfc4493.

17 结合加密和消息验证码（MAC）计算的认证加密模式比先加密后添加消息验证码的模式更具优势，其原因有很多。一方面是与效率有关，另一方面是安全性。究其本质，当加密和消息验证码计算这两个操作分开进行时，在进行集成时可能会出现一些问题。如果使用经过批准的认证加密模式，则可以避免这些问题。认证加密模式主要包括两种，一种是密码块链接消息验证码模式（CCM），可参见以下文献。

Recommendation for Block Cipher Modes of Operation：The CCM Mode for Authentication and Confidentiality. NIST Special Publication，800-38C，2007－07－20.

另一种是伽罗瓦/计数器模式（GCM），可参见以下文献。

Recommendation for Block Cipher Modes of Operation：Galois/Counter Mode（GCM）and GMAC. NIST Special Publication，800-38D，2007－11.

18 此情景假设没有辅助证据，例如网络安全日志可证明消息验证码是通过网络发送的，发送该消息的来源是发件人的网络地址。

19 数字签名在某些情况下也是不安全的。如果用户想对一个很长的文档进行数字签名，则需要将其分解为独立的数据块，再对每个数据块单独签名。攻击者可以截获这些单独的数据块及其附加的签名，并交换数据块及其签名。其结果仍是一组有效的数据块和签名，但实际上，该组消息已被错误排序。

20 在许多方面，手写签名使用的持久性和普遍性令人惊讶，其便利性也早已被证明。即使在数字文档越来越普及的今天，似乎也可以通过对手写签名进行扫描复制而被广泛接受。扫描手写签名使其成为一个可以从文档中轻松提取的图像文件，从这个角度来讲，它是一种比传统手写签名更弱的责任机制。

21 可以参考无国界记者组织（Reporters Without Borders）编制的世界新闻自由指数，该指数基于对媒体独立性、自我审查、立法、透明度和媒体基础设施质量的综合分析。

22 这个想法引起公众的广泛关注是因为以下书籍。

Eli Pariser. *The Filter Bubble*. Penguin, 2012.

23 根据我的经验，维基百科上有关密码学的信息质量非常高。可能是由于整个互联网社区对密码学的兴趣日渐浓厚，也可能是由于这些人不仅对密码学感兴趣而且有意愿及能力来编辑维基百科页面。

24 当然，资金转移恰恰是发生在客户对银行失去信心的时候，例如，2007 年英国北岩银行（UK bank Northern Rock）的倒闭，可参见以下文献。

Dominic O'Connell. The Collapse of Northern Rock：Ten Years On. BBC，2017 - 09 - 12. https：//www. bbc. co. uk/news/business-41229513.

25 有大量关于比特币的信息是可以公开获取的。关于比特币的需求和使用背景，可参见以下书籍。

Dominic Frisby. *Bitcoin*：*The Future of Money*. Unbound, 2015.

关于比特币底层的密码学介绍，可参见以下书籍。

Andreas M. Antonopoulos. *Mastering Bitcoin*：*Unlocking Digital Cryptocurrencies*. O'Reilly, 2014.

26 有许多尝试通过集中式银行系统促进数字货币流通的例子。例如 20 世纪 90 年代诞生的 Mondex 和 Proton 等数字钱包技术，以及当前流行的 Apple Pay。虽然这些支付方式都带来了比现金支付更高的便利性，但它们在支付过程中仍与传统银行账户相关联。

27 银行在 20 世纪 70 年代率先将密码学用于商业用途。采用 DES 进行加密的动机在很大程度上可归因于金融业对数字安全的需求。

28 比特币的优秀特点之一是它有一个可以调整的参数来控制创建区块的频率。

29 与比特币所体现的去中心化精神背道而驰的是，比特币挖矿的盈利能力促进了专门用于开采比特币的大型数据处理中心的发展。这些数据处理中心有时被称为比特币农场，可参见以下文献。

Julia Magas. Top Five Biggest Crypto Mining Areas：Which Farms Are Pushing Forward the New Gold Rush. Cointelegraph，2018－06－23. https：//cointelegraph. com/news/top-five-biggest-crypto-mining-areas-which-farms-are-pushing-forward-the-new-gold-rush.

30 这通常被称为区块链“分叉”。

31 有关当前加密货币的完整列表，可参见以下文献。

Cryptocurrency List. CoinLore，2019－06－10. https：//www. coinlore. com/all_coins.

第六章 身份验证戳穿数字伪装

1 可参见以下文献。

Michael Cavna. Nobody Knows You're a Dog：As Iconic Internet Cartoon Turns 20，Creator Peter Steiner Knows the Joke Rings as Relevant as Ever. *Washington Post*，2013－07－31.

2 脸书（Facebook）向美国证券交易委员会报告称，2017 年其平台有 14 亿用户，平均在每人身上赚了 20. 21 美元，可参见以下文献。

Julia Glum. This Is Exactly How Much Your Personal Information Is Worth to Facebook. *Money*，2018－03－21. http：//money. com/money/5207924/how-much-facebook-makes-off-you.

3 有关对护照的常见威胁以及用于应对这些威胁的安全技术讨论，可参见以下文献。

Passport Security Features：2019 Report Anatomy of a Secure Travel Document. Gemalto，2019－05－20. https：//www. gemalto. com/govt/travel/passport-security-design.

4 这就是我们在手机上使用各种安全机制的原因。移动运营商使用 SIM 卡上的安全机制来识别账户持有人。手机所有者通常使用 PIN 码或密码来控制谁可以使用手机。

5 虽然在手机上安装银行欺诈软件从技术上是可行的，但对手机银行更常见的攻击是犯罪分子窃取电话号码或将不同的手机账户链接到目标银行账户。可参见以下文献。

Miles Brignall. Mobile Banking in the Spotlight as Fraudsters Pull £ 6000 Sting. *Guardian*，2016－04－02. https：//www. theguardian. com/money/2016/apr/02/mobile-banking-fraud-o2-nationwide.

Anna Tims. Sim Swap Gives Fraudsters Access-All-Areas via Your Mobile Phone. *Guardian*，

2015 - 09 - 26. https://www.theguardian.com/money/2015/sep/26/sim-swap-fraud-mobile-phone-vodafone-custome.

6 图灵介绍了著名的图灵测试，该测试旨在区分计算机的行为与人类的行为，可参见以下文献。

Alan M. Turing. Computing Machinery and Intelligence. Mind, 1950, 59 (236): 433 - 460.

7 这种类型的恶意软件通常被称为“键盘记录器”。可参见以下文献。

Nikolay Grebennikov. Keyloggers: How They Work and How to Detect Them. SecureList, 2007 - 03 - 29. https://securelist.com/keyloggers-how-they-work-and-how-to-detect-them-part-1/36138.

8 验证码相当不受欢迎，因为它们浪费时间并且容易出错，从而导致操作延误。关于其替代方法的讨论，可参见以下文献。

Matt Burgess. Captcha Is Dying. This Is How It's Being Reinvented for the AI Age. *Wired*, 2017 - 10 - 26. https://www.wired.co.uk/article/captcha-automation-broken-history-fix.

9 关于生物识别技术的介绍，可参见以下书籍。

John R. Vacca. *Biometric Technologies and Verification Systems*. Butterworth-Heinemann, 2007.

10 生物识别技术被“窃取”的一个著名例子是所谓的“黏性手指”，这是一种旨在欺骗指纹识别系统的人造手指，可参见以下文献。

Tsutomu Matsumoto, et al. Impact of Artificial "Gummy" Fingers on Fingerprint Systems. *Proceedings of SPIE* 4677 (2002), https://cryptome.org/gummy.htm, 2002.

11 如果每个个人设备都有一个读卡器，不仅可以读取银行卡信息，还可以检测实体卡，那么银行卡将变得更为普及。然而，与所有安全措施一样，这是一个需要在安全性、成本和可用性之间取得平衡的问题。

12 英国 2014 年的信用卡欺诈占比高达 69%，加拿大 2015 年的信用卡欺诈占比高达 76%，可参见以下文献。

Card-Not-Present Fraud around the World. US Payments Forum, 2017 - 03. https://www.uspaymentsforum.org/wp-content/uploads/2017/03/CNP-Fraud-Around-the-World-WP-FINAL-Mar-2017.

13 身份验证和授权是两个相关但不同的概念，两者经常被混淆。身份验证主要是关于确定用户身份真实性的问题；授权则涉及允许用户做什么的问题。当用户使用账户登录社交媒体时，就需要进行身份验证。然后，社交媒体平台使用授权机制来确定用户可以查看哪些数据。尽管授权通常在身份验证之后，但它并非是必需的。超市收银员通过购物者年龄来决定是否授权销售酒类给该购物者——确定年龄的方法包括直接观察或要求其提供年龄证明材料——而不需要知道其身份。密码学提供了用于身份验证的工具。虽然可以使用密码学来支持身份验证，但授权通常通过其他方式进行管理（比如管理数据库条目的访问规则）。

14 鉴于已经存在免费且功能强大的视频编辑软件，这种技术不再可靠。

15 Elizabeth Stobert. The Agony of Passwords. *CHI'14 Extended Abstracts on Human Factors in Computing Systems* （ACM，2014）：975 – 980.

16 管理密码的规则往往显得有些相互矛盾，因为必须在各方面做出权衡。例如，定期更改密码可以降低密码泄露带来的风险，但也会给用户带来负担，并可能使他们采取一些更加不安全的做法，如在纸上记下密码。有关密码管理的一般指导，可参见以下文献。

Password Administration for System Owners. National Cyber Security Centre，2018 – 11 – 19. https：//www. ncsc. gov. uk/collection/passwords.

17 比个人泄露更糟糕的是，此类被攻击的对象保存了大量密码和随附凭据在存储库中，可参见以下文献。

Mohit Kumar. Collection of 1. 4 Billion Plain-Text Leaked Passwords Found Circulating Online. *Hacker News*，2017 – 12 – 12. https：//thehackernews. com/2017/12/data-breach-password-list. html.

18 2019 年，脸书承认其密码管理系统中的一个漏洞导致上亿用户密码未经加密就存储进内部平台。可参见以下文献。

Lily Hay Newman. Facebook Stored Millions of Passwords in Plaintext：Change Yours Now. *Wired*，2019 – 03 – 21. https：//www. wired. com/story/facebook-passwords-plaintext-change-yours.

19 关于如何构造强密码有很多建议。例如，美国国家标准与技术研究院的指导方针，可参见以下文献。

Mike Garcia. Easy Ways to Build a Better P@$5w0rd. NIST，*Taking Measare*(blog)，2017 – 10 – 04. https：//www. nist. gov/blogs/taking-measure/easy-ways-build-better-p5w0rd.

20 这种观点并不新鲜。20 世纪 80 年代，一位系统工程师告诉我的一位同事，“密码学只不过是一种降低性能的昂贵方式”。

21 经典的密钥延伸算法包括基于密码的“PBKDF2”和“Argon2”。

22 关于英国政府对密码管理器价值的看法，可参见以下文献。

Emma W. What Does the NCSC Think of Password Managers. National Cyber Secruity Centre, 2017 - 01 - 24. https://www.ncsc.gov.uk/blog-post/what-does-ncsc-think-password-managers.

23 据研究，63%的数据泄露事件利用了低强度密码、初始密码或被盗的密码。可参见以下文献。

2016 Data Breach Investigations Report. Verizon, 2016. https://www.verizonenterprise.com/verizon-insights-lab/dbir.

24 可以在“phishing.org”网站找到一系列网络钓鱼诈骗的案例，以及关于如何检测网络钓鱼攻击并避免上当的建议，网址：https://www.phishing.org。

25 大量证据表明，强制定期更改密码可能无助于解决问题，可参见以下文献。

Lorrie Craynor. Time to Rethink Mandatory Password Changes. Federal Trade Commission, 2016 - 03 - 02. https://www.ftc.gov/news-events/blogs/techftc/2016/03/time-rethink-mandatory-password-changes.

26 虽然网上银行的密码器仍在广泛使用，但其实施起来相对昂贵。另一种解决方案是利用客户已经拥有的能够进行加密计算的设备，这就是为什么银行越来越支持使用手机应用程序进行身份验证的原因。还有一种解决方案是使用客户已经拥有的密钥，这就是为什么一些银行发行的读卡器能够与存储在客户银行卡芯片上的密钥进行通信。

27 预测算法可用于监控单个密码器与系统主时钟之间的延迟。当客户尝试进行身份验证时，银行使用预测算法根据过去与该密码器的交互来估计密码器时钟上的时间。银行也可以考虑在一个较短的时间窗口内总是接受该密码器。

28 许多攻击都是针对车钥匙的。其中一些攻击成功了，因为汽车制造商没有采用“完美密码”，而是使用某种类型的汽车的通用默认密码。然而，即使是那些使用完美密码的人也会因中继攻击而陷入困境，中继攻击可通过特殊无线电设备，将攻击者的位置定位于汽车（位于车道上）和车钥匙（位于家里）之间。可参见以下文献。

David Bisson. Relay Attack against Keyless Vehicle Entry Systems Caught on Film. Tripwire, 2017 - 11 - 29. https://www.tripwire.com/state-of-security/security-awareness/relay-attack-keyless-vehicle-entry-systems-caught-film.

29 并非所有的飞镖都是为了返回而设计的。在这个狩猎场景中，飞镖旨在飞到鸭子后面并吓跑它们以免它们飞向猎人。因此，飞镖并不真正需要回到猎人的手中。没关系——我只想打个比方！强烈建议飞镖爱好者阅读以下书籍。

Philip Jones. *Boomerang: Behind an Australian Icon.* Wakefield Press, 2010.

30 白千层树是一种原产于东南亚和澳大利亚的树木，它已作为观赏树被世界各地引进。它的花朵香味浓郁，但其芬芳并不总是被欣赏。

31 类似的原则也适用于敌我识别系统（IFF），该系统最初设计于20世纪30年代，用于识别接近的飞机是盟友还是敌人。相关历史回顾，可参见以下文献。

Lord Bowden. The Story of IFF (Identification Friend or Foe). *IEE Proceedings A*, 1985, 132 (6): 435 -437.

32 最新版本的安全传输层协议可参见以下文献。

The Transport Layer Security (TLS) Protocol Version 1. 3. Internet Engineering Task Force, 2018 -08. https://tools. ietf. org/ html/rfc8446.

33 匿名被视为一项基本人权。可参见以下文献。

Jillian C. York. The Right to Anonymity Is a Matter of Privacy. Electronic Frontier Foundation, 2012 -01 -28. https://www. eff. org/deeplinks/2012/01/right-anonymity-matter-privacy.

34 关于人类行为在网络空间中的不同变化方式，可参见以下书籍。

Mary Aiken. *The Cyber Effect.* John Murray, 2017.

35 关于骚扰行为存在的威胁以及如何解决它们，可参见以下文献。

Get Safe Online: Free Expert Advice. Get Safe Online, 2019 - 06 - 10. https://www. getsafeonline. org.

36 我们在网络空间进行活动时留下的数据有时被称为数字足迹。理解这一概念的最佳方式之一是了解调查人员如何通过使用数字取证来重建网络空间活动。可参见以下书籍。

John Sammons. *The Basics of Digital Forensics.* Syngress, 2014.

37 Tor 是一个免费软件，下载链接：https://www. tor project. org。

38 杰米·巴特利特（Jamie Bartlett）对匿名化导致的一些网络空间犯罪活动进行了有趣的调查，基于相关调查结果编著了《暗网》（*The Dark Net*）一书。

39 许多互联网先驱将网络空间视为一个不受现实社会约束的新世界。在网络空间保持匿名性是实现这一愿景的关键，可参见以下书籍。

Thomas Rid. *Rise of the Machines*. W. W. Norton, 2016.

40 Andrew London. Elon Musk's Neuralink：Everything You Need to Know. TechRadar, 2017 - 10 - 19. https：//www. techradar. com/uk/ news/neuralink.

第七章　破解密码系统

1 虽然螺帽和螺丝之间的适配问题被认为是导致桥梁故障的原因，但其根本原因通常是使用不当。例如，2016 年加拿大一座桥梁的故障被归咎于螺丝过载，而不是螺丝本身。可参见以下文献。

Emily Ashwell. Overloaded Bolts Blamed for Bridge Bearing Failure. *New Civil Engineer*, 2016 - 09 - 28. https：//www. newcivilengineer. com/world-view/overloaded-bolts-blamed-for-bridge-bearing-failure/10012078. article.

与之类似，正如我稍后将讨论的，加密算法的使用不当是密码系统失败的一个潜在原因。

2 恺撒对加密技术的使用在苏维托尼乌斯于公元 121 年编写的拉丁文著作《罗马十二帝王传》一书中进行了描述。其英译本可参见如下。

The Lives of the Twelve Caesars, Complete by Suetonius. Project Gutenberg, 2019 - 06 - 10. https：//www. gutenberg. org/files/6400/6400-h/6400-h. htm.

3 关于苏格兰女王玛丽一世的密码和推翻英国女王伊丽莎白一世的巴宾顿阴谋的更多信息，可参见以下书籍。

Mary, Queen of Scots (1542 - 1587). National Archives (UK), 2019 - 06 - 10. http：//www. nationalarchives. gov. uk/spies/ciphers/mary.

苏格兰女王玛丽一世对加密技术的使用在以下书籍中也得到了介绍。

Simon Singh. *The Code Book*. Fourth Estate, 1999.

4 关于英国女王伊丽莎白一世的情报机构，可参见以下书籍。

Robert Hutchinson. *Elizabeth's Spy Master：Francis Walsingham and the Secret War That Saved England*. Weidenfeld & Nicolson, 2007.

5 例如，ISO/IEC 18033 是一个由多个标准部分组成的标准，它制定了一系列加密算法，如"ISO/IEC 18033 信息技术 - 安全技术 - 加密算法"。

6 多年来，布鲁斯·施奈尔在他的密码时事通信档案中披露了一长串无法满足用户需求标准的加密产品，他将其称为加密“万灵油”，可参见网址：https：//www. schneier. com/crypto-gram。

7 唐纳德·拉姆斯菲尔德（Donald Rumsfeld）曾说：“我对那些说某事还没有发生的报道很感兴趣，正如我们所知，有些东西是已知的已知，那些东西我们知道我们知道了。我们还知道存在已知的未知，即我们知道有些东西我们不知道。但也存在未知的未知——那些我们不知道我们不知道的东西。如果纵观我们国家和其他自由国家的历史，往往后一类是最困难的。”全文可参见以下文献。

Donald H. Rumsfeld. DoD News Briefing：Secretary Rumsfeld and Gen. Myers. US Department of Defense，2002 – 02 – 12. http：//archive. defense. gov/Transcripts/Transcript. aspx? TranscriptID = 2636.

8 虽然美国国家安全局似乎缩短了 DES 密钥长度，但据信该机构通过被称为差分密码分析的攻击技术对算法进行优化，该技术直到 20 世纪 80 年代才被公共研究界发现。可参见以下文献。

Peter Bright. The NSA's Work to Make Crypto Worse and Better. *Ars Technica*，2013 – 06 – 09. https：//arstechnica. com/information-technology/2013/09/the-nsas-work-to-make-crypto-worse-and-better.

更多详细信息，可参见以下文献。

Don Coppersmith. The Data Encryption Standard（DES）and Its Strength against Attacks. *IBM Journal of Research and Development*，1994，38（3）：243 – 250.

9 这是由于竞争环境是不公平的。情报界雇佣了许多密码学家，可以访问公共社区发布的所有内容。然而，情报界很少分享其知识。因此，情报界必须更多地了解密码学。问题是，情报界是否知道任何公众不知道的重要事情？我们如何发现？

10 预测计算能力提升速度最著名的法则是摩尔定律。英特尔的戈登·摩尔提出了这样一个经验法则，即集成电路上的组件数量大约每两年翻一番。虽然这个估计在最初几十年被认为是相当准确的，但现在看起来不太可能是衡量未来进展的最佳指标。可参见以下文献。

M. Mitchell Waldrop. The Chips Are Down for Moore's Law. *Nature*，2016 – 02 – 09. https：//www. nature. com/news/the-chips-are-down-for-moore-s-law-1. 19338.

11 Xiaoyun Wang，et al. Collisions for Hash Functions MD4，MD5，HAVAL-128 and RIPEMD.

Cryptology eprint Archive 2004/199, rev, 2004 - 08 - 17. https://eprint.iacr.org/2004/199.pdf.

12 有趣的是，丹·布朗的《数字城堡》介绍了一种无须了解算法即可解密的机器。

13 穷举密钥搜索有时也被称为蛮力攻击。

14 我基于以下这篇文献的分析进行了类似的粗略计算。

Mohit Arora. How Secure Is AES Against Brute Force Attacks. *EE Times*, 2012 - 05 - 07. https://www.eetimes.com/document.asp?doc_id=1279619.

15 这一估计由以下文献得出。

Whitfield Diffie, Martin E. Hellman. Exhaustive Cryptanalysis of the NBS Data Encryption Standard. *Computer*, 1977, 10: 74 - 84.

16 DESCHALL 项目是网络安全公司 RSA Security 于 1997 年发起的一系列挑战中的第一个获胜者，该项目因成功完成对 DES 密钥的穷举而赢得了 10 000 美元的奖金。关于该项目的完整故事，可参见以下书籍。

Matt Curtin. *Brute Force*. Copernicus, 2005.

17 Sarah Giordano. Napoleon's Guide to Improperly Using Cryptography. *Cryptography: The History and Mathematics of Codes and Code Breaking* (blog), 2019 - 06 - 10. http://derekbruff.org/blogs/fywscrypto.

18 分析恩尼格玛密码机的书籍很多，详细而权威的资料如下。

Władysław Kozaczuk. *Enigma: How the German Machine Cipher Was Broken, and How It Was Read by the Allies in World War Two*. Praeger, 1984.

19 这些技术包括加密明文块与随明文块递增的计数器，加密明文块以及之前的密文块（本质上是一个随机数）。可参见以下文献。

Block Cipher Techniques: Current Modes. NIST Computer Security Resource Center, 2019 - 05 - 17. https://csrc.nist.gov/Projects/Block-Cipher-Techniques/BCM/Current-Modes.

20 感兴趣的读者可以在英国国家档案馆关于秘密与间谍的资源中查阅“巴宾顿阴谋”（The Babington Plot）一文的副本，网址：http://www.nationalarchives.gov.uk/spies/ciphers/mary/ma2.htm。

21 事实上，一些网络钓鱼攻击就是通过这种方式为用户提供一个看似安全的网络链接，该链接指向一个与真实地址非常相似的网站地址（如你的银行地址），但实际上是攻击者的网站。通过使用安全传输层协议，攻击者现在能够使用加密技术来防范其他攻击者查看或修改用户错误发送到攻击网站的数据！

22 对大多数现代加密应用来说，RC4 不再被认为是足够安全的。可参见以下文献。

John Leyden. Microsoft, Cisco: RC4 Encryption Considered Harmful, Avoid at All Costs. Register, 2013 – 11 – 14. https: //www. theregister. co. uk/2013/11/14/ms_moves_off_rc4.

23 关于有线等效隐私（WEP）协议的弱点细节已广为人知。可参见以下书籍。

Keith M. Martin. *Everyday Cryptography*, 2nd ed. Oxford University Press, 2017: 488 –495.

24 用于维护 Wi-Fi 安全的 WEP 协议首先升级为 WPA（Wi-Fi Protected Access）协议，然后在 2004 年升级为更安全的版本——WPA2，即 Wi-Fi 的默认安全协议。2018 年，WPA2 将升级为 WPA3，尽管这个最新版本的推出需要很多年才能完成，因为在大多数情况下，只有在更换设备时才会升级协议。

25 Bruce Schneier. Why Cryptography Is Harder Than It Looks. *Information Security Bulletin*, 1997. https: //www. schneier. com/essays/archives/1997/01/why_cryptography_is. html.

26 Keynote by Mr. Thomas Dullien: CyCon 2018, NATO Cooperative Cyber Defence Centre of Excellence (CCDCOE). Youtube, 2018 –06 –20. https: //www. youtube. com/watch? v = q98foLaAfX8.

27 Paul C. Kocher. Announce: Timing cryptanalysis of RSA, DH, DSS. sci. crypt, 1995 – 12 – 11. https: //groups. google. com/forum/#! msg/sci. crypt/OvUlewbjfa8/a1kP6WjW1lUJ.

28 Paul C. Kocher. Timing Attacks on Implementations of Diffie-Hellman, RSA, DSS, and Other Systems. *in Proceedings of the 16th Annual International Cryptology Conference on Advances in Cryptology*, Springer, 1996: 104 – 113.

29 事实证明，情报界很早就意识到旁路攻击带来的一些威胁，可参见以下这篇已经公开的文献。

TEMPEST: A Signal Problem. *NSA Cryptologic Spectrum*, 1972, 2 (3): 26 –30.

30 这些画面很可能出自《007》系列电影。

2012 年，由萨姆·门德斯执导，索尼哥伦比亚影片公司出品的《007：大破天幕杀机》（*Skyfall*）上映，西班牙演员哈维尔·巴登在其中饰演反派角色。

31 这与物理的钥匙相同。照看房门钥匙比保护财产更容易。保护钥匙的安全措施可能不如雇佣一群警卫和恶犬那么强大，但它是一种务实的替代品。

32 默认密码的使用比许多人认为的更为普遍，可参见以下文献。

Risks of Default Passwords on the Internet. Department of Homeland Security，2013 －06 －24. https：//www. us-cert. gov/ncas/alerts/TA13-175A.

33 当然，该网站并未明确向用户提供公钥。提供公钥发生在后台，用户的网络浏览器代表其接收该网站向用户提供的密钥。但是，用户可以通过选择适当的浏览器设置来查看此密钥。

34 你可以花大量时间来研究有关该主题的观点，并能从中找到乐趣。Debate. org 网站就是提出真实随机性是否存在问题的一个论坛，用户可以在其中找到以下讨论，“从哲学和理性角度，随机性或机会真的存在吗”，网址：http：//www. debate. org/opinions/philosophically-and-rationally-does-randomness-or-chance-truly-exist。

35 抛硬币可能不像某些人想象的那样随机。2007 年的一项研究表明，人们抛硬币时候的手会有所偏向。可参见以下文献。

Persi Diaconis，Susan Holmes，and Richard Montgomery. Dynamical Bias in the Coin Toss. SIAM Review，2007，49（2）：211 －235.

36 一个关于随机性主题的有趣网站是 Random. org，用户可以从中了解生成真正随机性所需要克服的挑战，以及如何使用大气噪声来生成用户自己的真正随机数。参见网址：https：//www. random. org。

37 2008 年，一个广为人知的案例是 Debian 操作系统中用于支持早期版本的安全传输层协议的伪随机数生成器。这个生成器只能生成它支持的算法所需的随机数的一小部分。可参见以下文献。

Debian Security Advisory：DSA-1571-1 openssl—Predictable Random Number Generator. Debian，2008 －05 －13. https：//www. debian. org/security/2008/dsa-1571.

38 可参见维基百科“密钥推导函数”（Key Derivation Function）词条。

39 Arjen K. Lenstra，et al. Ron Was Wrong，Whit Is Right. Cryptology ePrint Archive，2012 －02 －12. https：//eprint. iacr. org/2012/064. pdf.

40 此过程受一套针对 GSM 以及 3G 和 4G 安全性的安全标准管理，这些标准指定了移动系统中使用的加密技术。可参见以下文献。

Jeffrey A. Cichonski, Joshua M. Franklin, and Michael J. Bartock. Guide to LTE Security. NIST Special Publication 800 – 187, 2017 – 12 – 21. https://nvlpubs.nist.gov/nistpubs/specialpublications/nist.sp.800-187.pdf.

41 与更经典的混合加密相比，作为就私钥达成一致的一种方式，迪菲－赫尔曼密钥协议越来越受青睐。主要原因是它在长期私钥暴露的情况下提供了更高的安全性（有时称为“完全前向保密”）。迪菲－赫尔曼密钥协议的详细信息几乎可以在任何密码学教科书中找到。该协议首次出现在以下文献中。

Whitfield Diffie, Martin E. Hellman. New Directions in Cryptography. *IEEE Transactions on Information Theory*, 1976, 22 (6): 644 –654.

42 例如，基于256 比特椭圆曲线的公钥通常由大约130 个十六进制字符表示。

43 证书颁发机构可以是用户足够信任的任何组织。例如，Let's Encrypt 就是一个非商业性证书颁发机构，它通过颁发免费证书来鼓励密码学的普及，尤其是对于安全传输层协议。更多相关信息，可参见 Let's Encrypt 网站，网址：https://letsencrypt.org。

44 上述关于生成不佳的 RSA 密钥的问题无法通过认证来解决。大多数不佳的 RSA 密钥都由证书颁发机构（CA）认证，证书颁发机构只是证明谁拥有密钥，而不保证密钥的质量。当证书颁发机构具有包括密钥生成在内的更多职能时，情况可能会有所不同。在这种情况下，证书颁发机构可能会因报告涉及不良事件而声名狼藉，从而导致受信度降低。

45 网络浏览器提供商应维护“受信任的根证书颁发机构”列表。例如，苹果公司（Apple）支持的根证书颁发机构列表可以在“iOS”操作系统的可用的受信任根证书列表中查看，详见网址：https://support.apple.com/en-gb/HT204132。

46 用户几乎都会遇到这样的情况：在尝试访问网页期间，用户收到了证书警告，但只是单击“忽略”。当我们这样做时，我们会面临一定的风险。虽然证书警告可能因错误或更新证书失败而出现，但它们也会出现于存在更严重的问题时，例如当网站被认为不可信时。

47 关于管理公钥证书的复杂性，可参见以下书籍。

Johannes A. Buchmann, Evangelos Karatsiolis, and Alexander Wiesmaier. *Introduction to Public Key Infrastructures*. Springer, 2013.

48 看似多发的大规模数据泄露通常发生在机构维护的安全性较低的数据库。2018 年 5 月生效的《欧盟通用数据保护条例》（GDPR）也旨在解决此类问题。

49 关于如何真正摆脱数据的指导，可参见以下文献。

Secure Sanitisation of Storage Media. National Cyber Security Centre，2016 – 09 – 23. https：//www. ncsc. gov. uk/guidance/secure-sanitisation-storage – media.

50 有关计算机硬件安全模块的介绍，可参见以下文献。

Jim Attridge. An Overview of Hardware Security Modules. SANS Institute Informotion Security Reading Room，2002 – 01 – 14. https：//www. sans. org/reading-room/whitepapers/vpns/overview-hardware-security-modules-757.

51 原文来自以下文献。

G. Spafford. Rants & Raves. *Wired*, 2002.

52 可参见以下文献。

Arun Vishwanath. Cybersecurity's Weakest Link：Humans. *Conversations*，2016 – 05 – 05. https：//theconversation. com/cybersecuritys-weakest-link-humans-57455.

53 任何以这种方式保护电脑的机构都希望使用硬件安全模块和严格的安全管理程序来保护主密钥，因此我们的灾难性场景不应该出现。

54 关于用户在使用加密软件时遇到的困难，最初由以下这篇文献提出。

Alma Whitton，J. D. Tygar. Why Johnny Can't Encrypt：A Usability Evaluation of PGP 5. 0. *in Proceedings of the Eighth USENIX Security Symposium*（*Security*' 99），August 23 – 26，Washington，D. C.，USA（USENIX Association），1999：169 – 183.

紧随其后的是以下这篇文献。

Steve Sheng，et al. Why Johnny Still Can't Encrypt：Evaluating the Usability of Email Encryption Software. *in Proceedings of the Second Symposium on Usable Privacy and Security*，2006.

然后是以下这篇文献。

Scott Ruoti，et al. Why Johnny Still，Still Can't Encrypt：Evaluating the Usability of a Modern PGP Client. arXiv，2016 – 01 – 13. https：//arxiv. org/abs/1510. 08555.

无须阅读这些文章，你就可以了解它的发展方向。

55 请注意，向用户发送培训课程并不一定能解决此问题。即使用户参加了正式的培训计划，难用的系统也可能会持续引发问题。除非人类经常执行一项复杂的任务，否则我们很可能会忘记在训练中获得的技能。

56 有人提出了“糟糕的密码学有时比没有密码学更糟糕”的论点，可参考以下文献。

Erez Metula. When Crypto Goes Wrong. OWASP Foundation, 2019 - 06 - 10. https://www.owasp.org/images/5/57/OWASPIL2011-ErezMetula-WhenCryptoGoesWrong.pdf.

第八章　密码学的困境

1 臭名昭著的勒索软件“WannaCry”在2017年5月影响了全球超过20万台计算机。针对WannaCry攻击的防御措施开发得相对较快，从而限制了其损害。有关勒索软件的介绍以及应对方式，可参见以下文献。

Josh Fruhlinger. What Is Ransomware? How These Attacks Work and How to Recover from Them. CSO, 2018 - 12 - 19. https://www.csoonline.com/article/3236183/ransomware/what-is-ransomware-how-it-works-and-how-to-remove-it.html.

2 有关刑事调查人员遇到嫌疑人持有加密设备而难以开展调查工作的真实案例，可参见以下文献。

Klaus Schmeh. When Encryption Baffles the Police: A Collection of Cases. Science Blogs, 2019 - 06 - 10. http://scienceblogs.de/klausis-krypto-kolumne/when-encryption-baffles-the-police-a-collection-of-cases.

3 有一些证据表明，执法机构已经对使用洋葱网络的服务发起了网络攻击。可参见以下文献。

Devin Coldewey. How Anonymous? Tor Users Compromised in Child Porn Takedown. NBC News, 2013 - 08 - 05. https://www.nbcnews.com/technolog/how-anonymous-tor-users-compromised-child-porn-takedown-6C10848680.

4 恐怖组织使用消息服务引发了关于加密使用的一些极富争议性的问题，可参见以下文献。

Gordon Rayner. WhatsApp Accused of Giving Terrorists “a Secret Place to Hide” as It Refuses to Hand Over London Attacker’s Messages. *Telegraph*, 2017 - 03 - 27. https://www.telegraph.co.uk/news/2017/03/26/home-secretary-amber-rudd-whatsapp-gives-terrorists-place-hide.

5 实际上，加密和丢弃密钥有时被作为永久删除磁盘数据的一种手段。然而，有一些强有力的证据表明这可能不是处理数据的最佳方式。可参见以下文献。

Samuel Peery. Encryption Is NOT Data Sanitization：Avoid Risk Escalation by Mistaking Encryption for Data Sanitation. IAITAM，2014－10－16. http：//itak. iaitam. org/encryption-is-not-data-sanitization-avoid-risk-escalation-by-mistaking-encryption-for-data-sanitation.

6 关于检查传入加密数据的案例，可参见以下文献。

Paul Nicholson. Let's Encrypt：but Let's Also Decrypt and Inspect SSL Traffic for Threats. Network World，2016－02－10. https：//www. networkworld. com/article/3032153/security/let-s-encrypt-but-let-s-also-decrypt-and-inspect-ssl-traffic-for-threats. html.

7 几乎可以肯定，这就是2010 年伊朗的纳坦兹铀浓缩厂相关设备遭受Stuxnet 蠕虫病毒感染的情况。

8 电子前沿基金会（EFF）提供了保护在线隐私工具的相关指南，其中大部分应用了密码学，可参见以下文献。

Surveillance Self-Defense. Electronic Frontier Foundation，2019－06－10，https：//ssd. eff. org.

9 Tom Whitehead. Internet Is Becoming a "Dark and Ungoverned Space" Says Met Chief. *Telegraph*，2014－11－06. https：//www. telegraph. co. uk/news/uknews/law-and-order/11214596/Internet-is-becoming-a-dark-and-ungoverned-space-says-met-chief. html.

10 Director Discusses Encryption. *FBI News*，2015－05－20. Patriot Act Provisions. https：//www. fbi. gov/news/stories/director-discusses-encryption-patriot-act-provisions.

11 Cotton Statement on Apple's Refusal to Obey a Judge's Order to Assist the FBI in a Terrorism Investigation. Tom Cotton（Arkansas Senator），2016－02－17. https：//www. cotton. senate. gov/？ p = press_release&id = 319.

12 Apple-FBI Case Could Have Serious Global Ramifications for Human Rights：Zeid. UN Human Rights Office of the High Commissioner，2016－03－04. http：//www. ohchr. org/EN/NewsEvents/Pages/DisplayNews. aspx？ NewsID = 17138.

13 Esther Dyson. Deluge of Opinions on the Information Highway. *Computerworld*，1994－02－28.

14 David Perera. The Crypto Warrior. Politico，2015－12－09. http：//www. politico. com/agenda/story/2015/12/crypto-war-cyber-security-encryption-000334.

15 Snowden at SXSW：The Constitution Was Being Violated on a Massive Scale. RT，2014－

03－10. https：//www. rt. com/usa/snowden-soghoian-sxsw-interactive-914.

16 Amber Rudd. Encryption and Counter-terrorism：Getting the Balance Right. *Telegraph*，2017－07－13. https：//www. gov. uk/government/speeches/encryption-and-counter-terrorism-getting-the-balance-right.

17 戴维·奥曼德谈到了已审议通过的英国《调查权力法案（2016）》，该法案规范了通信数据拦截的各个方面。可参见以下文献。

Ruby Lott-Lavigna. Can Governments Really Keep Us Safe from Terrorism without Invading Our Privacy. *Wired*，2016－10－20. https：//www. wired. co. uk/article/david-omand-national-cyber-security.

18 根据1996年《关于常规武器和两用物品及技术出口管制的瓦森纳安排》，加密（“数据保密性加密”）机制被归类为两用技术，参见网址：https：//www. wassenaar. org。

19 甚至在加密技术成为主流应用之前，使用加密技术所带来的困境就已经存在，因为这种困境与加密技术提供的保密性这一基本功能相关。苏格兰女王玛丽一世使用加密技术，虽然保护了她的个人隐私，但是在一定程度上损害了国家权力。其中哪一个更重要取决于读者自己的判断。

20 在此我只是提出一个问题，并不是建议放弃追求这些技术，我只是认为这些技术难以缓解潜在困难。

21 我在这里是故意这么说的。没有人想让密码系统变得不安全。这种情况是寻求一种替代方法来访问受密码系统保护的数据。但是，任何这样的方法，如果被“错误的人”（如攻击者）使用，就可以被视为对密码系统的“破解”。

22 普通用户基本上是指除了国家本身之外的所有人。这是一个高度简化的场景，我希望你已经意识到了。

23 Crypto AG公司是最早提供此类加密产品的公司之一，该公司于1952年在瑞士成立，至今仍在运营，公司网址：https：//www. crypto. ch。

24 长期以来，一直有传言称，在20世纪50年代，Crypto AG公司与美国国家安全局就向某些国家销售其设备进行了合作。可参见以下文献。

Gordon Corera. How NSA and GCHQ Spied on the Cold War World. BBC，2015－07－28. https：//www. bbc. com/news/uk-33676028.

25 几乎可以肯定的是，一些政府会设计自己的加密算法来保护自身数据，如果他们有专业知识，这很好。然而今天，如果卢里塔尼亚政府盲目相信弗里多尼亚政府会为其提供弗里多尼亚的加密技术，那就太天真了。如果卢里塔尼亚购买使用最先进的已发布算法的商业设备，它会得到更好的服务。

26 Bruce Schneier. Did NSA Put a Secret Backdoor in New Encryption Standard. *Wired*, 2007 – 11 – 15. https: //www. wired. com/2007/11/securitymatters-1115.

27 关于 Dual EC DRBG 被从标准中删除，可参见以下文献。

National Institute of Standards and Technology. NIST Removes Cryptography Algorithm from Random Number Generator Recommendations, 2014 – 04 – 21. https: //www. nist. gov/news-events/news/2014/04/nist-removes-cryptography-algorithm-random-number-generator-recommendations.

然而，这一标准是在 Dual EC DRBG 算法被批准为伪随机数生成器 9 年后发布的。在此期间，该算法被一些知名的安全产品采用，其中一些产品的制造商被指控与美国国家安全局进行了富有争议的合作。可参见以下文献。

Joseph Menn. Exclusive: Secret Contract Tied NSA and Security Industry Pioneer. Reuters, 2013 – 12 – 20. https: //www. reuters. com/article/us-usa-security-rsa/exclusive-secret-contract-tied-nsa-and-security-industry-pioneer-idUSBRE9BJ1C220131220.

28 美国国家安全局前局长迈克尔·海登表示，一些现有的密码系统包含只有美国国家安全局才知道的 NOBUS 漏洞，这是美国国家安全局已知的漏洞，并且只有美国国家安全局才可以利用。这是一个非常令人不安的想法，不仅需要相信美国国家安全局对 NOBUS 漏洞的利用是合乎道德的，而且还需要相信这些漏洞不会被第三方发现和利用。可参见以下文献。

Andrea Peterson. Why Everyone Is Left Less Secure When the NSA Doesn't Help Fix Security Flaws. *Washington Post*, 2013 – 10 – 04. https: //www. washingtonpost. com/news/the-switch/wp/2013/10/04/why-everyone-is-left-less-secure-when-the-nsa-doesnt-help-fix-security-flaws.

29 The Historical Background to Media Regulation. University of Leicester Open Educational Resources, 2019 – 06 – 10. https: //www. le. ac. uk/oerresources/media/ms7501/mod2unit11/page_02. htm.

30 全球数字伙伴组织（GPD）绘制了一张世界地图，明确了使用密码学的国家限制和法律。可参见以下文献。

World Map of Encryption Laws and Policies. Global Partners Digital，2019 - 06 - 10. https：//www. gp-digital. org/world-map-of-encryption.

31 有关20世纪最后几十年围绕密码学涉及的政治议题的广泛讨论，包括出口管制问题，请参见以下书籍。

Steven Levy. *Crypto：Secrecy and Privacy in the New Cold War*. Penguin，2002.

32 用户可在密码空间（Cypherspace）组织发布的“军需T恤”（Munitions T-Shirt）中查看著名的RSA军需T恤（甚至可以下载原始图形文件用于打印），网址：http：//www. cypherspace. org/adam/uk-shirt. html。

33 以下书籍和文献很好地概括了当时对密码学及其社会影响的一些态度和观点。

Thomas Rid. *Rise of the Machines*. W. W. Norton，2016.

Arvind Narayanan. What Happened to the Crypto Dream? Part 1. *IEEE Security & Privacy*，2013，11（2）：75 - 76.

34 Timothy C. May. The Crypto Anarchist Manifesto，1992 - 11 - 22. https：//www. activism. net/cypherpunk/crypto-anarchy. html.

35 1991年，菲尔·齐默尔曼撰写了PGP加密软件，并免费发布。该加密软件在两方面引发了争议：一方面它使用足够强大的加密技术，足以被美国进行出口控制；另一方面，它部署了RSA加密算法，该算法受到商业许可。最后，PGP加密软件还是走向了世界，并获得了广泛好评。由于违反美国的出口控制，齐默尔曼一度成为刑事调查对象，该调查最终被撤销。

36 1995年，密码学专家丹尼尔·J. 伯恩斯坦提出了针对美国政府的一系列案件，挑战了对密码学的出口限制。类似的例子还包括1996年姜戈诉戴利案（Junger v. Daley）。

37 以下文献从多个不同角度批评了密钥托管的想法。

Hal Abelson，et al. The Risks of Key Recovery，Key Escrow，and Trusted Third-Party Encryption. *World Wide Web Journal*，1997，2（3）：241 - 257.

38 这个口号通常与20世纪90年代的加密无政府主义者有关（改编自美国枪支游说团体部署的类似口号）。可参见以下文献。

Timothy C. May. The Cyphernomicon，1994 - 09 - 10. https：//nakamotoinstitute. org/static/docs/cyphernomicon. txt.

39 英国《调查权力法案（2000）》的第三部分赋予国家在授权下强制披露加密密钥或解密加密数据的权力。英国已经根据该法案定罪。忘记或丢失密钥严格来说并不是一种辩护，但可以想象这是辩护的论点之一。

40 只需尝试在互联网上搜索此短语，用户就会惊讶于以该短语为标题的文章数量是如此之多。

41 斯诺登泄露的数千份文件中的一些信息进入新闻文章，例如《卫报》、《华盛顿邮报》、《纽约时报》、《世界报》和《明镜周刊》等。关于斯诺登的启示有很多资源。关于文件泄露背后的故事，可参见以下书籍。

Glenn Greenwald. *No Place to Hide*. Penguin, 2015.

还可以观看由劳拉·珀特阿斯执导并由美国 HBO 影业发行的《第四公民》（*Citizenfour*）；2016 年，在奥利弗·斯通导演并由 Endgame Entertainment 发行的《斯诺登》（*Snowden*）中进行了戏剧化。

42 互联网上有多个资料库声称拥有这些文件，例如以下文献。

Snowden Archive. Canadian Journalists for Free Expression, 2019 - 06 - 10. https://www.cjfe.org/snowden.

43 2019 年 5 月，据报道，WhatsApp 消息服务存在漏洞，使攻击者可以访问智能手机数据。令人担忧的是，只需拨打电话，在用户毫不知情的情况下即可发起攻击。可参见以下文献。

Lily Hay Newman. How Hackers Broke WhatsApp with Just a Phone Call. *Wired*, 2019 - 05 - 14. https://www.wired.com/story/whatsapp-hack-phone-call-voip-buffer-overflow.

44 Ed Pilkington. Edward Snowden Did This Country a Great Service. Let Him Come Home. *Guardian*, 2016 - 09 - 14. https://www.theguardian.com/us-news/2016/sep/14/edward-snowden-pardon-bernie-sanders-daniel-ellsberg.

45 网络空间的复杂性导致的问题因设备功能的增加而加剧。菲尔·齐默尔曼提出“技术的自然流动使监控更容易，计算机跟踪我们的能力每 18 个月提升一倍”。可参见以下文献。

Om Malik. Zimmermann's Law: PGP Inventor and Silent Circle Co-founder Phil Zimmermann on the Surveillance Society. GigaOm, 2013 - 08 - 11. https://gigaom.com/2013/08/11/zimmermanns-law-pgp-inventor-and-silent-circle-co-founder-phil-zimmermann-on-the-surveillance-society.

46 Danny Yadron, Spencer Ackerman, and Sam Thielman. Inside the FBI's Encryption Battle with Apple. *Guardian*, 2016 – 02 – 18. https://www.theguardian.com/technology/2016/feb/17/inside-the-fbis-encryption-battle-with-apple.

47 Danny Yadron. Apple CEO Tim Cook: FBI Asked Us to Make Software "Equivalent of Cancer". *Guardian*, 2016 – 02 – 25. https://www.theguardian.com/technology/2016/feb/24/apple-ceo-tim-cook-government-fbi-iphone-encryption.

48 Rachel Roberts. Prime Minister Claims Laws of Mathematics "Do Not Apply" in Australia. *Independent*, 2017 – 07 – 15. https://www.independent.co.uk/news/malcolm-turnbull-prime-minister-laws-of-mathematics-do-not-apply-Xaustralia-encryption-l-a7842946.html.

49 关于洋葱网络规模的指标可以在"洋葱网络指标"（Tor Metrics）中找到，网址：https://metrics.torproject.org/networksize.html。

50 Hannah Kuchler. Tech Companies Step Up Encryption in Wake of Snowden. *Financial Times*, 2014 – 11 – 04. https://www.ft.com/content/3c1553a6-6429-11e4-bac8-00144feabdc0.

51 英国政府发布的《2016—2021 年国家网络安全战略》中指出，加密能力对于保护最敏感的信息以及选择如何部署武装部队和国家安全能力至关重要。明确提出了广泛使用加密技术的重要性。

52 2015 年，一群领先的密码学家概括了执法部门访问加密通信的方法所带来的一系列安全风险。可参见以下文献。

Hal Abelson, et al. Keys under Doormats. *Communications of the ACM*, 2015, 58 (10): 24 – 26.

53 Remarks by the President at South by Southwest Interactive. White House, Office of the Press Secretary, 2016 – 03 – 11. https://obamawhitehouse.archives.gov/the-press-office/2016/03/14/remarks-president-south-southwest-interactive.

54 获得合法访问数据的某些方法可能比其他方法更容易为社会所接受。因此，要以整体视角衡量该方式是否可接受。可参见以下文献。

Andrew Keane Woods. Encryption Substitute. Hoover Institution. Aegis Paper Series no. 1705, 2017 – 07 – 18. https://www.scribd.com/document/354096059/Encryption-Substitutes#from_embed.

55 我之所以这么说是因为移动电话和固定电话网络越来越融合，过去只保护移动电话和基站之间的第一中继的加密，现在也深入固定电话网络中。

56 明确地说，我的观点是，如果我们要重新设计互联网的架构并重新协商安全性，我们应该为每个服务考虑安全性等级。很明显，今天，端到端加密引起了执法部门的真正担忧。务实的谈判要找到一个可以接受的方向，各相关方坐到谈判桌前，并愿意做出妥协。但结果很可能是持续冲突。

57 Treaty between the United States of America and the Union of Soviet Socialist Republics on the Limitation of Strategic Offensive Arms（SALT Ⅱ）. Bureau of Arms Control, Verification and Compliance, 1979. https：//2009-2017. state. gov/t/isn/5195. htm.

58 Daniel Moore, Thomas Rid. Cryptopolitik and the Darknet. *Survival*, 2016, 58 (1): 7 – 38.

第九章　致密码学的未来

1 严格来说，可类比的是你将一封信的副本放入多个新的保险箱中，然后将这些保险箱交给你的敌人。那么现在每个保险箱里都有一份信件副本，敌人可以打开盒子，可是他们却无法获取信件的内容。

2 这个论点与加密尤为相关。对于其他加密服务，例如数据完整性，情况可能没有那么严重。如果数字签名算法被破坏并需要升级，则可以使用新的签名算法对数据进行重新签名。只有当首次对数据进行签名时使用的数字签名算法不够强大时，才会出现问题。

3 由于加密算法通常是计算密集型的，因此在密码学的许多应用中，它们是在硬件中而不是在软件中实现的。这意味着更改算法通常需要更换硬件。例如，由于一些密码漏洞存在，WEP 在 2003 年就被宣布过时了，但并不是所有的 Wi-Fi 设备都更新了新的安全协议。因此，Wi-Fi 用户面临着购买新设备或继续使用被破解密码设备的选择。

4 专家们培养了我们对量子的看法，使我们认为量子是神秘的、违反直觉的、超出理解范围的。诺贝尔物理学奖获得者尼尔斯·玻尔提出的“任何不被量子理论震惊的人都没有理解它”，被视为以上看法的根源。即使是对量子概念的科普书籍也倾向于从不可知的角度出发，可参见以下书籍。

Jim Al-Khalili. Quantum: *A Guide for the Perplexed.* Weidenfield & Nicolson, 2012.

Marcus Chown. *Quantum Theory Cannot Hurt You.* Faber & Faber, 2014.

5 自世纪之交以来，量子随机数已经在商业上可用，并且基于不同类型的量子测量。可以参见以下文献。

What Is the Q in QRNG. ID Quantique, 2017 - 10. https: //www. idquantique. com/random-number-generation/overview.

National Institute of Standards and Technology. NIST's New Quantum Method Generates Really Random Numbers. https: //www. nist. gov/news-events/news/2018/04/nists-new-quantum-method-generates-really-random-numbers, 2018 - 04 - 11.

6 以下是相对容易理解量子计算机发展的书籍。

John Gribbin. *Computing with Quantum Cats: From Colossus to Qubits.* Black Swan, 2015.

7 万一你没有玩过风靡一时的芬兰 Rovio 娱乐公司开发的《愤怒的小鸟》游戏，那我告诉你这款游戏的核心概念就是向猪投掷小鸟。

8 对量子计算机未来发展时间表的预测各不相同，对其最终影响的看法也不尽相同。共识似乎是我们将拥有强大的量子计算机。总有一天！

9 数学家彼得·肖尔于 1994 年发明的一种算法，现在被称为肖尔（Shor）算法，证明了量子计算机可以解决素数分解和寻找离散对数问题。可参见以下文献。

Peter W. Shor. Algorithms for Quantum Computation: Discrete Logarithms and Factoring. *Proceedings, 35th Annual Symposium on Foundations of Computer Science*, IEEE Computer Society Press, 1994: 124 - 134.

肖尔算法随后被用于在技术仍不成熟的量子计算机上计算相对较小的数字。

10 2016 年，美国国家标准与技术研究院启动了一项计划，旨在设计针对量子计算机攻击的后量子非对称加密算法。这一过程预计至少需要 6 年时间，可参见以下文献。

Post-quantum Cryptography Standardization. NIST Computer Security Resource Center, 2019 - 06 - 10. https: //csrc. nist. gov/Projects/Post-Quantum-Cryptography/Post-Quantum-Cryptography-Standardization.

11 1996 年，计算机科学家洛夫·格罗弗提出了一种算法，现在被称为格罗弗（Grover）算法，该算法展示了量子计算机如何通过平方根因子加速对密钥的穷举搜索。这意味着在量子计算机上穷举搜索 2^{128} 个密钥将仅需在传统计算机上穷举搜索 2^{64} 个密钥所需的时间。因此，对称密钥长度需要加倍，以保持对量子计算机的等效安全级别。然而，值得注意的是，该算法需要大量的量子内存。可参见以下文献。

Lov K. Grover. A Fast Quantum Mechanical Algorithm for Database Search. *Proceedings of the Twenty-Eighth Annual ACM Symposium on the Theory of Computing*, ACM, 1996: 212 – 219.

12 关于量子密钥分发的科普知识，可参见以下书籍。

Simon Singh. *The Code Book. Fourth Estate*, 1999.

13 关于量子密钥分发部署面临的一些实际挑战总结，可参见以下文献。

Eleni Diamanti, et al. Practical Challenges in Quantum Key Distribution. *npj Quantum Information* 2, art. 16025 (2016).

14 一次性密钥是一种极其简单的加密算法，其现代形式有时被称为 Vernam 密码。它通过添加随机生成的密钥位将明文加密为密文。1949 年，克劳德·香农证明一次性密钥是唯一的"完美"加密算法，因为攻击者无法通过观察密文来了解有关未知明文的任何（新）信息。但该算法也有缺陷，它要求随机密钥与明文一样长，并且每次加密都必须重新生成，这使得一次性密钥在大多数情况下都显得不切实际。

15 所有这些物品的线上版本都在 2017 年作为商业产品提供，可参见以下文献。

Matt Reynolds. Six Internet of Things Devices That Really Shouldn't Exist. *Wired*, 2017 – 05 – 12. https://www.wired.co.uk/article/strangest-internet-of-things-devices.

16 未来物联网生态的范围很难预测，但加德纳和 GSM 智能协会（Gartner and GSMA Intelligence）等组织一致预测到 2025 年全球物联网接入设备将达到 250 亿台。准确的数字并不重要，总而言之会有很多的！

17 许多联网设备的安全保护性能都很差，甚至完全没有。未来的一个主要挑战是说服供应商、零售商和监管机构确保物联网技术足够安全。可参见以下文献。

Secure by Design: Improving the Cyber Security of Consumer Internet of Things Report. Department for Digital, Culture, Media & Sport, UK Government, 2018 – 03. https://www.gov.uk/government/publications/secure-by-design.

18 2018 年 8 月，美国国家标准与技术研究院发起了一场 AES 算法竞赛，以便开发能在传统算法（如 AES）受限环境中应用的新算法。可参见以下文献。

NIST Computer Security Resource Center. Lightweight Cryptography, 2019 – 06 – 11. https://csrc.nist.gov/Projects/Lightweight-Cryptography.

19 David Talbo. Encrypted Heartbeats Keep Hackers from Medical Implants. *MIT Technology Review*, 2013 – 09 – 06. https：//www. technologyreview. com/ s/519266/ encrypted-heartbeats-keep-hackers-from-medical-implants.

20 最明显的风险是数据被监测、损坏或丢失。然而，更可能的结果是数据被利用。事实上，对于许多（免费）云存储服务而言，利用用户数据可能是商业的核心主张。

21 关于为云存储环境设计的加密算法的概述，可参见以下文献。

James Alderman, Jason Crampton, and Keith M. Martin. Cryptographic Tools for Cloud Environments. *Guide to Security Assurance for Cloud Computing*, ed. Shao Ying Zhu, Richard Hill, and Marcello. Trovati. Springer, 2016：15 – 30.

22 第一个全同态加密（FHE）方案由以下文献提出。

Craig Gentry. A Fully Homomorphic Encryption Scheme, 2009. https：//crypto. stanford. edu/ craig/ craig-thesis. pdf.

不幸的是，这种方案是完全不切实际的，使用起来速度慢且计算量大。研发公司伽罗瓦（Galois）的大卫·阿彻在 2017 年承认，他的任务是使全同态加密"实用且可用"，尽管速度正在提高，但是"我们仍然没有接近实时处理"，可参见以下文献。

Bob Brown. How to Make Fully Homomorphic Encryption "Practical and Usable" . *Network World*, 2017 – 05 – 15. https：//www. networkworld. com/ article/3196121/security/how-to-make-fully-homomorphic-encryption-practical-and-usable. html.

23 Peter Rejcek. Can Futurists Predict the Year of the Singularity. Singularity Hub, 2017 – 05 – 31. https：//singularityhub. com/2017/03/31/can-futurists-predict-the-year-of-the-singularity /#sm. 00001v8dyh0rpmee8xcj52fjo9w33.

24 关于人工智能的精彩介绍以及其发展将如何影响人类社会，可参见以下书籍。

Max Tegmark. *Life 3. 0：Being Human in the Age of Artificial Intelligence*. Penguin, 2018.

Hanna Fry. *Hello World*. Doubleday, 2018.

25 这些数字来自以下文献。

Domo. Data Never Sleeps 6. 0, 2019 – 06 – 10. https：//www. domo. com/ learn/ data-never-sleeps-6.

26 大规模数据收集和处理的现象有时被称为"大数据"。有关大数据带来的影响的详细介绍，可参见以下书籍。

Viktor Mayer-Schonberger, Kenneth Cukier. *Big Data: A Revolution That Will Transform How We Live, Work and Think*. John Murray, 2013.

Bruce Schneier. *Data and Goliath: The Hidden Battles to Collect Your Data and Control Your World*. W. W. Norton, 2015.

27 关于人工智能发展对网络安全的潜在影响的有趣报告，可参见以下文献。

Miles Brundage, et al. The Malicious Use of Artificial Intelligence: Forecasting, Prevention, and Mitigation, 2018 – 02. https://maliciousaireport.com.

28 2017 年 6 月 5 日，陈立群教授在伦敦大学皇家霍洛威学院"首届伦敦密码学日"的演讲，使我认识到密码学和信任之间的紧密关系。

29 可参见 Lexico 词典对"信任"（Trust）的定义，网址：https://www.lexico.com/en/definition/trust。

30 尽管斯诺登的爆料涉及政府管理密码学的方式，但这些爆料不可避免地导致一些人丧失了对密码学本身的信任。

31 关于如何更广泛地在网络空间构建社会信任，可参见以下书籍。

Bruce Schneier. *Liars and Outliers: Enabling the Trust That Society Needs to Thrive*. Wiley, 2012.

32 关于真实世界密码学研讨会的详细信息，可参见以下文献。

Real World Crypto Symposium. International Association for Cryptologic Research, 2019 – 06 – 12. https://rwc.iacr.org.

译者简介

马小峰

同济大学区块链研究院院长、上海区块链技术研究中心主任、中国电子学会区块链分会副主任委员、全国金融标准化技术委员会证券分技术委员会金融科技专业工作组专家委员、同济大学以及巴黎商学院博导、上海财经大学金融科技与金融安全研究中心首席专家、中房协数字科技地产分会区块链应用工作组成员。主笔《国家职业技术技能标准——区块链工程技术人员》《区块链技术安全通用规范》等多个国家、地方、行业标准。主编中国科协《区块链导论》等多本国家级区块链教材。

王鹏理

同济大学区块链研究院院长助理、特聘讲师。多年区块链领域实战经验，深度参与多个金融区块链试点项目设计、开发以及实施，擅长将区块链的优势与传统解决方案结合。参与撰写多份区块链地方标准、区块链产业分析报告规划。

胡浩

博士，广州商学院经济学院副教授。曾先后就职于中信银行、兴业银行、上海市国家安全局等单位。在国内外期刊发表论文60余篇。

张帅

博士，杭州趣链科技有限公司副总裁、中国计算机学会区块链专委会委员。目前主要从事区块链行业研究、产学研合作及标准制定，主导区块链技术在金融、政务、通信等行业的应用落地，并为大型金融机构、政府部门提供应用落地咨询。曾参与编写《区块链：信息技术前沿知识干部读本》《区块链产业白皮书》等著作。

冯扬悦

博士，英国伦敦大学皇家霍洛威学院信息安全方向博士后、南京大数据集团有限公司高级战略规划专员。曾任南京数字金融产业研究院第一届战略智库委员会成员、南京市区块链产业应用协会顾问、上海市区块链技术协会外部智库专家、江苏省计算机学会区块链专委会委员、苏宁金融研究院区块链中心首席研究员等。曾参与欧盟 ARTEMIS“能源互联网”项目、江苏银行区块链金融应用研发等。

李绯

人民日报华南报业人民主播上海发展中心副主任。曾任上海区块链技术研究中心副主任、苏州同济区块链研究院副院长、哈佛大学哈佛中国基金项目经理、哈佛中心（上海）有限公司项目经理。专注于创新领域的新职业人才培养。参与中国电子学会《区块链技术人才培养标准》的组织工作，参与《区块链技术原理与实践》《区块链导论》的部分组织工作。

童则余

奇虎 360 数据安全产品部首席架构师。曾就职于摩托罗拉、汤森路透、天津金融资产交易所、华控清交等企业。16 年技术研发工作经验，对大数据、机器学习、区块链、隐私计算和数据安全有深刻的见解和丰富的项目实战经验。

刘克凡

香港中文大学（深圳）金融工程硕士毕业，曾在苏州同济区块链研究院担任研究员职位。